I0058443

Abhandlungen
der Bayerischen Akademie der Wissenschaften
Mathematisch - naturwissenschaftliche Abteilung
XXXI. Band, 6. Abhandlung

Indopacifische Euryalae

von

Ludwig Döderlein

in München

Mit 10 Tafeln

München 1927
Verlag der Bayerischen Akademie der Wissenschaften
in Kommission des Verlags R. Oldenbourg München

Inhaltsübersicht.

4

Einleitung.

Nachdem ich in einer 1911 erschienenen Abhandlung „Japanische und andere Euryalae"[1] eine Revision der mir bis dahin bekannt gewordenen Euryalae, und zwar speziell der sonderbaren verzweigten Formen veröffentlicht hatte, erhielt ich durch das dankenswerte Entgegenkommen mehrerer auswärtiger Kollegen Gelegenheit, eine große Anzahl weiterer Exemplare aus dieser interessanten Tiergruppe untersuchen zu können.

Vor allem wurde mir durch gütige Vermittlung von Herrn Austin Hobart Clark vom U. S. National Museum in Washington die prachtvolle und reichhaltige Sammlung von Euryalae zur Verfügung gestellt, die in den Jahren 1907—1910 durch den Fischereidampfer „Albatroß" bei den Philippinen erbeutet worden war. Der vorliegenden Abhandlung liegt hauptsächlich das von dieser Philippinen-Expedition mitgebrachte Material zu Grunde. Diesem wertvollen Philippinen-Material, daß zum größten Teil aus verzweigten Formen der Familie der *Gorgonocephalidae* bestand, war noch eine besonders reichhaltige Sammlung von *Asteronychinae* beigefügt, das bei früheren Expeditionen des „Albatroß" an der Westküste von Nordamerika gesammelt worden war. Es war mir dies Material um so wertvoller, als mir bei meiner früheren Bearbeitung der Euryalae überhaupt kein brauchbares Material von *Asteronyx* zur Verfügung gestanden war, so daß ich mich für diese eigentümliche Gruppe von Euryalae damals lediglich auf eine Zusammenstellung der Literatur beschränken mußte.

Von großem Wert waren mir auch die von R. Koehler 1905 beschriebenen Arten, die die „Siboga"-Expedition mitgebracht hatte; für deren freundliche Zusendung bin ich Herrn Professor Max Weber in Amsterdam zu größtem Danke verpflichtet. Es befand sich darunter die merkwürdige *Astrochalcis tuberculata* sowie drei als *Astrophyton* bezeichnete Arten, *A. cornutum*, *A. elegans* und *A. gracile*, die ich mit drei bereits bekannten Arten identifizieren konnte, nämlich *Astrocladus exiguus*, *Astroboa nuda* und *Astroglymma sculptum*.

Unter vier zu den *Asteronychinae* gehörigen Arten aus den Sammlungen des „Albatroß" mußte ich zwei als neu beschreiben, während ich die bisher als *Asteronyx planus* Lütken und Mortensen bezeichnete Art als nicht zur Gattung *Asteronyx* gehörig ansehen kann. Es stellte sich heraus, daß diese Art zur Gattung *Astrodia* zu bringen ist.

Von *Trichasteridae* sind die interessanten Gattungen *Astroceras* und *Sthenocephalus* durch eine größere Anzahl von Exemplaren vertreten. Die Seitenplatten der Arme stoßen

---

[1] Abhandl. d. Bayer. Akad. d. Wiss. II. Suppl.-Bd. 5. Abhandl. München.

6

bei *Sthenocephalus* zusammen wie bei *Astroceras* und *Asteroschema*. Letztere Gattung, die durch fünf Arten in den Sammlungen des „Albatroß" vertreten ist, muß wohl als die schwierigste von allen Euryalae betrachtet werden, was die Unterscheidbarkeit der Arten anbetrifft. Ich habe darunter drei Arten als n. sp. bezeichnet, da ich es nicht verantworten kann, sie mit schon bekannten Arten zu identifizieren. Ich halte es für das geringere Übel diese Formen zunächst als n. sp. zu beschreiben, statt sie ohne überzeugende Begründung mit einer der zahlreichen bereits beschriebenen Arten zusammenzustellen, mit der sie in einigen Punkten übereinstimmen. Eine gründliche Revision dieser umfangreichen Gattung wäre dringend notwendig, die die Zahl der Arten sicher sehr reduzieren wird.

Auch über die Arten der Gattung *Trichaster* scheint mir zur Zeit ein sicheres Urteil nicht möglich. Jedenfalls halte ich die von Bomford und von Matsumoto angegebenen Unterschiede zwischen *T. palmiferus* und *elegans* nicht für zuverlässig. Ich sah mich auch genötigt, noch eine weitere Art aufzustellen für eine Form, die ich bisher für *T. palmiferus* hielt, die aber nicht der Diagnose von Bomford und Matsumoto entspricht.

Von *Gorgonocephalidae* liegen nur wenige unverzweigte Formen vor, eine neue Art von *Astrotoma* und von *Astrothamnus*. Hier scheinen mir die Abgrenzungen der Gattungen noch sehr revisionsbedürftig.

Von *Gorgonocephalidae* mit verzweigten Armen enthält die Sammlung des „Albatroß" aus den Philippinischen Gewässern nicht weniger als 13 Arten, von denen fünf neu sind, während zwei Arten bisher nur von Japan und eine von Australien bekannt waren. Nur fünf dieser Arten waren bisher schon aus diesem Meeresgebiet bekannt.

Während die kälteliebende Gattung *Gorgonocephalus* bisher dem tropischen Indopazifik vollständig zu fehlen schien, ließen sich nunmehr drei Arten bei den Philippinen nachweisen, allerdings in Tiefen von 700—900 m. Besonders interessant waren auch verschiedene stattliche Exemplare von *Astroboa nuda*. Ich konnte von dieser durch Lyman aufgestellten Art bisher nur einige Armfragmente von dem typischen Exemplar untersuchen, nach denen ich die Vermutung aufgestellt hatte, daß diese Art möglicherweise mit meiner *A. nigra* identisch ist. Das Material des „Albatroß" zeigt die große Verschiedenheit der Färbung, in der die Exemplare dieser Art auftreten können. Es bestätigte sich die Zusammengehörigkeit von *A. nigra* und *A. nuda* und außerdem noch die Zugehörigkeit von *A. elegans* Koehler zur gleichen Art. Diese Art hat also eine Verbreitung von Zanzibar östlich bis zu den Philippinen und nördlich bis zu den Goto-Inseln. Sehr erfreulich waren mir die vom „Albatroß" mitgebrachten stattlichen Exemplare der Gattung *Astrochalcis*, die es gestatteten diese Gattung von *Astroboa* abzuleiten. Die extreme Ausbildung eines förmlichen dorsalen Hautpanzers auf den proximalen Teilen der Arme und die ebenfalls ins Extrem gesteigerte Differenzierung in plumpe und schlanke Armverzweigungen sind die hervorstechendsten Eigenschaften dieser merkwürdigen Gattung.

Ein Exemplar von den Philippinen, das offenbar dem nunmehr auch aus diesem Meeresgebiet nachgewiesenen *Astrocladus dofleini* nahesteht, zeichnet sich durch die mächtige Entwicklung der interradialen akzessorischen Kalkplättchen aus, die sogar die Madreporenplatte völlig umschließen, wie das unter den verzweigten *Gorgonocephalidae* nur noch bei der Gattung *Astrospartus* bisher bekannt geworden ist. Ich mußte für diese eigentümliche Form eine neue Gattung *Astroplegma* aufstellen.

Daß die Zahl der Madreporenplatten nicht ganz konstant ist, zeigen einige Exemplare zweier Arten von *Astroboa*, von denen zwei nicht weniger als je drei Madreporenplatten aufweisen. Das macht das Auftreten der Gattung *Astroglymma* (syn. *Astrodactylus*) mit ihren fünf Madreporenplatten innerhalb einer Gruppe von Formen, die nur durch eine Madreporenplatte ausgezeichnet sind, leichter erklärlich.

Von *Gorgonocephalidae*, die nicht den Philippinen entstammten, konnte ich über *Astroboa clavata* nach einem von Prof. A. Brauer gesammelten reichen Material von den Seychellen ausführlichere Beobachtungen mitteilen, ebenso über *Gorgonocephalus stimpsoni* aus dem Ochotskischen Meer, den ich entgegen der Ansicht von H. L. Clark auch fernerhin als selbständige Art auffassen möchte. Diese Art war von den Herren P. Schmidt und V. K. Brashnikov für das Museum Petersburg gesammelt worden.

Über die Verwandtschaftsbeziehungen der Gruppen der Euryalae.

Die Verwandtschaftsbeziehungen der großen Gruppen der Euryalae zu einander erscheinen mir noch recht unklar. Ich hatte 1911 außer den zwei Familien der *Gorgonocephalidae* und *Trichasteridae* noch die *Asteronychidae* als besondere Familie angenommen, von denen mir damals aber gar kein Material selbst vorlag, so daß ich sie nur in Anlehnung an Verrill als besondere Familie betrachtete. Ich muß aber Matsumoto jetzt zustimmen, daß man die *Asteronychidae* wohl besser als eine Unterfamilie zu den *Trichasteridae* stellt, denen sie jedenfalls viel näher stehen als den *Gorgonocephalidae*. Doch ist damit auch nicht allzuviel gewonnen, da die *Asteronychinae* gegenüber den übrigen *Trichasteridae* immer noch sehr scharf getrennt sind und eine natürliche Gruppe von Formen darstellen. Schon das Vorhandensein einer einzigen wohlentwickelten äußeren Madreporenplatte und von mindestens drei Tentakelpapillen (nur bei *A. bispinosa* ist eine verkümmert) unterscheidet sie sehr scharf von den übrigen *Trichasteridae*, deren fünf Madreporite äußerlich höchstens durch je ein oder mehrere Poren in der weichen Haut angedeutet werden, aber oft äußerlich gar keine Spuren ihres Daseins verraten. Ferner sind stets bei ihnen nur je zwei Tentakelpapillen vorhanden, von denen nur selten einmal eine rudimentär bleibt. Vermittelnde Zwischenformen zwischen den drei Gruppen der *Gorgonocephalidae*, *Trichasterinae* und *Asteronychinae* gibt es nicht.

Innerhalb der *Trichasteridae* s. str. (exkl. *Asteronychinae*) vermag ich befriedigende Verwandtschaftslinien nicht zu ziehen. Der Trennung in *Trichasterinae* und *Asteroschematinae* als natürliche Gruppen, wie sie Matsumoto vornimmt, stehe ich sehr skeptisch gegenüber. Das einzige der angegebenen Unterscheidungsmerkmale, das mir zuerst diese Trennung zu rechtfertigen schien, das Zusammenstoßen bzw. Getrenntsein der beiden Seitenplatten der Arme erweist sich als ein Irrtum. Denn während bei den *Trichasterinae* die beiden Seitenplatten durch die Ventralplatte weit getrennt sein sollen, wie es tatsächlich bei *Trichaster* und *Euryala* der Fall ist und ebenso bei *Astrobrachion* mihi (= *Ophiocreas constrictum*), stoßen sie entgegen den Angaben von Matsumoto bei *Ophiuropsis*, *Astroceras* und *Sthenocephalus* ventral zusammen ebenso wie bei *Astrocharis* und *Asteroschema*. Durch diesen Befund wird selbst die Zusammenstellung der drei Gattungen *Astroceras*, *Trichaster* und *Euryala* in eine natürliche Verwandtschaftsreihe recht fraglich, die mir sonst sehr verlockend erschien. Unter diesen Umständen verzichte ich einstweilen auf eine Trennung der *Trichasterinae* in natürliche Gruppen bzw. Unterfamilien und begreife unter diesem Namen sämtliche *Trichasteridae* mit Ausnahme der *Asteronychinae*.

Ganz ähnlich muß ich die Einteilung der *Gorgonocephalidae* in die beiden Unterfamilien der *Gorgonocephalinae* und *Astrotominae* beurteilen, wie sie Matsumoto vornimmt, der meine frühere Einteilung verwarf aus Gründen, denen ich durchaus beistimmen muß. Ich finde aber kein wirklich brauchbares Merkmal, auf das hin eine natürliche nähere Verwandtschaft unter den Angehörigen der beiden Unterfamilien begründet werden kann, das die Trennung rechtfertigen würde. Ich möchte dabei nur darauf aufmerksam machen, daß die Genitalspalten, die nach Matsumoto bei seinen *Gorgonocephalinae* klein, oft porenförmig sein sollen, bei vielen dazu gestellten Formen von einer sehr beträchtlichen Größe sind. Die Verschmälerung der basalen Wirbel bei Matsumoto's *Astrotominae* ist bei *Astrothamnus* in der Tat auffallend und, wie es nach Abbildungen scheint, auch bei *Astroclon*. Bei den anderen Gattungen, die M. dazu stellt, konnte ich mich, soweit mir Material vorliegt, nicht davon überzeugen. Da ich auch die Ansicht gewonnen habe, daß eine befriedigende Aufteilung der bisher bekannten unverzweigten *Gorgonocephalidae* in verschiedene Gattungen noch nicht erreicht ist, und daß eine ganze Anzahl der hierher gehörigen Arten nochmals darauf geprüft werden sollte, wie sie im System unterzubringen sind, vermag ich auch die unverzweigten *Gorgonocephalidae* nicht in zwei oder mehr natürliche Gruppen voneinander zu trennen. Ich kenne selbst zu wenige der hierher gehörigen Formen aus eigener Anschauung und vermag daher zur Aufklärung der Verwandtschaftsbeziehungen dieser Formen nicht viel beizutragen. Ich stelle sie daher nur in Gegensatz zu den verzweigten Formen der Familie.

Ganz anders liegt nun der Fall bei den verzweigten *Gorgonocephalidae*, innerhalb deren ich schon früher eine ganze Reihe von bestimmten Entwicklungsrichtungen habe feststellen können. Auf Grund dieser Feststellungen ergaben sich die natürlichen Verwandtschaftsbeziehungen zwischen den einzelnen Gattungen fast von selbst. Ich konnte es sogar wagen, dies in Form eines Stammbaums auszudrücken. Diesen Versuch möchte ich in etwas veränderter und erweiterter Form wiederholen, nachdem ich mich durch meine neueren Untersuchungen überzeugt habe, daß er in seinen wesentlichen Zügen die natürlichen Verwandtschaften der Gattungen einigermaßen richtig zum Ausdruck bringt.

Entwicklungsrichtungen bei den verzweigten Gorgonocephalidae.

Es lassen sich bei den verzweigten *Gorgonocephalidae* folgende bestimmte Entwicklungsrichtungen feststellen:

1. Ursprünglich besitzen die *Gorgonocephalidae* nur in einem Interradius eine Madreporenplatte. Das geht schon daraus hervor, daß sämtliche unverzweigte Formen der Familie nur diese eine Madreporenplatte haben, wie das auch bei den meisten der verzweigten Formen der Fall ist. In der *Astrogordius*-Gruppe aber, die auf die beiden Seiten von Zentralamerika beschränkt ist, ist es zur Ausbildung von einer Madreporenplatte in jedem der fünf Interradien gekommen. Völlig unabhängig davon tritt dieselbe Vermehrung der Madreporenplatten noch bei einer einzigen Gattung *Astroglymma* (syn. *Astrodactylus*)

in den indischen Gewässern ein. Im Zusammenhang damit ist es bemerkenswert, daß gerade innerhalb der Gattung *Astroboa*, aus der die Gattung *Astroglymma* vielleicht hervorgegangen ist, sich öfter schon die Neigung zur Vermehrung der Madreporenplatten erkennen läßt. Denn ich konnte bei zwei verschiedenen Exemplaren von *A. nuda*, die das gleiche Gebiet bewohnt, das Auftreten von je drei Madreporenplatten von allerdings sehr verschiedener Größe feststellen, bei *A. nigrofurcata* an einem Exemplar zwei Madreporenplatten. Bei anderen Gattungen ließ sich, außer an einem von Lyman erwähnten Exemplar von *Gorgonocephalus*, meines Wissens bisher kein weiterer derartiger Fall beobachten.

2. Die primitive Gattung *Conocladus*, auf die vielleicht alle reicher verzweigten *Gorgonocephalidae* zurückzuführen sind, besitzt noch keine akzessorischen Platten, die das feste Mundskelett gegen den Außenrand der Scheibe zu vergrößern. Bei *Astroconus* finden sich wenige akzessorische Plättchen, die aber dann bei den übrigen Gattungen in mehr oder weniger reichem Maße sich entwickeln und selbst die basalen Teile der Arme begleiten und sie miteinander verbinden können.

3. Während die akzessorischen Plättchen sich sonst zwischen das die Madreporenplatte tragende Mundschild und die Seitenmundschilder einschieben, so daß die Madreporenplatte stets am Außenrand des festen Mundskelettes sich befindet, ist es innerhalb der verzweigten *Gorgonocephalidae* unabhängig voneinander zweimal dazu gekommen, daß die akzessorischen Platten außerhalb der Madreporenplatte zusammenschließen und diese infolge davon weit vom Außenrande des festen Mundskelettes entfernt bleibt. Es geschah das einmal bei den beiden jedenfalls nahe verwandten atlantischen Gattungen *Astracme* und *Astrospartus* und ein zweites Mal bei dem direkt von *Astrocladus dofleini* abzuleitenden *Astroplegma expansum* von den Philippinen. Bemerkenswert ist, daß auch schon innerhalb der unverzweigten alten Gattung *Astrotoma* derselbe Vorgang zu beobachten ist.

4. Die primitive Gattung *Conocladus* ist durch die Entwicklung auffallend kräftiger Stacheln und Warzen auf der Dorsalseite von Scheibe und Armen ausgezeichnet, die den dazu gehörigen Arten ein charakteristisches Aussehen verleihen. Die innig damit zusammenhängende Gattung *Astroconus* hat diesen Charakter bewahrt, der in etwas abgeschwächtem Grade noch bei der westindischen Gattung *Astracme* auftritt. In viel schwächerem Grade trägt noch die Gattung *Astrocladus* in ihren Stacheln und Warzen auf Scheibe und Armen diesen Charakter zur Schau. Bei den meisten übrigen Formen sind diese großen Hautgebilde mehr oder weniger vollständig geschwunden und die Oberfläche von Scheibe und Armen zeigt gewöhnlich nur eine verhältnismäßig schwache Körnchenschicht, die dann noch, wie besonders innerhalb der Gattung *Gorgonocephalus*, oft sehr stark reduziert wird und schließlich ganz fehlen kann, so daß die Oberfläche nackt ist. Bei wenigen Gattungen entwickeln sich sekundär wieder weitere stachelartige Bildungen (*Astrophytum*, *Astrocaneum*). Bei *Astrochalcis* wird die oberflächliche Körnchenschicht besonders dicht und mehrschichtig, so daß sich in den tieferen Hautschichten der Arme ein richtiger dorsaler Panzer, aus Kalkkörpern zusammengesetzt, befindet.

5. Die Arme der ursprünglicheren *Gorgonocephalidae* sind einfach. Dann treten wie auch bei den *Trichasteridae* Formen auf, bei denen nur das Ende der Arme einige Male gegabelt ist. Das ist bei der westindischen *Astrocnida* und dem indopazifischen *Astroclon* der Fall. Ob diese zwei Formen unabhängig von einander zu dieser Verzweigung der Arme gelangt sind, oder ob sie diesen Charakter schon von einem gemeinsamen Vorfahren

übernommen haben, ist nicht zu entscheiden; ebensowenig ob sie mit den übrigen verzweigten *Gorgonocephalidae* in näherer Verbindung stehen, oder ob diese unabhängig von ihnen die Verzweigung erworben haben. Sehr wahrscheinlich ist es mir aber, daß alle anderen verzweigten *Gorgonocephalidae* eine zusammengehörige natürliche Gruppe bilden, die von einem gemeinsamen Vorfahren mit verzweigten Armen abzuleiten sind. Die altertümlichsten dazu gehörigen Formen liegen uns in der Gattung *Conocladus* vor, bei der die erste Armgabelung noch in beträchtlicher Entfernung vom Scheibenrand stattfindet, doch bei weitem nicht so weit entfernt wie bei *Astrocnida* und *Astroclon*. So ist es auch noch bei *Astroconus*. Bei den übrigen Formen ist das nur noch in der Jugend der Fall. Bei größeren Exemplaren gabeln sich dann die Arme schon am Rand der Scheibe und zuletzt noch innerhalb der Scheibe.

6. Die Anzahl der Armgabelungen nimmt allmählich zu. Bei *Conocladus* mit 18 mm Scheibendurchmesser fand ich acht aufeinanderfolgende Gabelungen. Exemplare von ca. 30 mm Scheibendurchmesser zeigen bei *Astroconus* und *Gorgonocephalus* meist nicht mehr als 10—12 aufeinanderfolgende Gabelungen, bei *Astrodendrum* und *Astrospartus* bis ca. 20, bei *Astrocladus* und *Astroglymma* ca. 20—25, bei *Astroboa* und *Astrophytum* ca. 25—30; *Astrogordius* zeigt ca. 15, *Astrocyclus* ca. 20, *Astrocaneum* ca. 25 aufeinanderfolgende Gabelungen.

7. Bei den primitiveren Formen sind die unteren Armplatten noch ziemlich gut entwickelt, so bei *Astroconus* und *Gorgonocephalus*, ebenso bei *Astrocyclus* und wahrscheinlich auch bei *Astrogordius*, während sie bei *Astrodendrum* zu verschwinden beginnen, bei den übrigen Gattungen ganz verloren gegangen sind.

8. Ursprünglich sind stets die beiden, nach jeder Armgabelung außer der ersten auftretenden Armabschnitte auffallend ungleich an Länge und Gliederzahl. Das ist auch noch bei allen Formen mit einer Madreporenplatte der Fall sowie bei *Astroglymma*. Bei *Astrocyclus* treten auch nach der zweiten Gabelung in der Regel je zwei gleichlange Armabschnitte auf, während die folgenden ungleich bleiben; bei *Astrodictyum* und *Astrocaneum* aber sind sie im ganzen proximalen Teil der Arme nach jeder Armgabelung einander gleich, und nur im distalen Teil der Arme weisen sie noch die ursprüngliche Ungleichheit auf.

9. Ursprünglich ist in jeder Armhälfte der erste Seitenast der längste, die folgenden nehmen ganz gleichmäßig an Länge ab bis zum letzten (*Astroconus*, viele *Gorgonocephalus*, jugendliche Exemplare aller Gattungen); schon bei *Gorgonocephalus* wird der erste Seitenast oft unverhältnismäßig groß (äußerer Hauptstamm); bei *Astrocyclus*, *Astrodictyum* und *Astrocaneum* wird er ebenso mächtig und reich verzweigt wie der ganze innere Hauptstamm. In der Formenreihe mit einer Madreporenplatte wird er meist ebenso kräftig wie der innere Hauptstamm, bleibt aber stets viel kürzer und weniger verzweigt als dieser. Bei *Astrocladus*, *Astroboa* und Verwandten werden die meisten Seitenzweige des inneren Hauptstammes sehr schwach im Gegensatz zu seinen ersten Seitenzweigen, die auffallend kräftig werden.

10. Die Länge und die Gliederzahl in den einzelnen Armabschnitten nimmt allmählich ab, nämlich

a) im basalen Armabschnitt vor der ersten Gabelung beträgt die Gliederzahl bei *Astrocnida* 40—100, bei *Conocladus* 10—16, bei *Astroconus* und *Gorgonocephalus* gewöhnlich 8—10, bei den meisten anderen Gattungen in der Regel 7—8, bei *Astroboa* und Verwandten meist 5—6;

b) in den mittleren Armabschnitten erreicht die Gliederzahl bei *Astroconus* und *Gorgonocephalus* 15—20, oft noch viel mehr, ebenso bei *Astrogordius*; sie sinkt einerseits bei *Astrodendrum* und *Astropartus* auf 10—14, bei *Astrocladus*, *Astroboa* und Verwandten auf 7—10, andererseits bei *Astrocyclus* auf 12—16, bei *Astrodictyum* und *Astrocaneum* auf 8—10.

11. Die Zweigenden sind ursprünglich sämtlich einander gleich, fadenförmig und dünn mit spärlichen Tentakelhäkchen und reich entwickelten Gürtelhäkchen, die förmliche Kränze um jedes Armglied bilden (*Astroconus*, *Gorgonocephalus*, *Astrocyclus*). Bei *Astrodendrum*, *Astrospartus* sind die Enden der ersten Seitenäste und des äußeren Hauptstammes etwas kräftiger und breiter. Bei *Astrocladus*, *Astroboa* und Verwandten werden sie an diesen Teilen plump und breit mit reich entwickelten Tentakelhäkchen und dadurch gänzlich verschieden von den schlank gebliebenen Zweigenden. Die extremste Ausbildung in dieser Hinsicht zeigt *Astrochalcis* mit den schwach verzweigten geradezu tatzenartig plumpen Enden des äußeren Hauptstammes sowie des ersten Seitenastes des inneren Hauptstammes gegenüber den übrigen Zweigenden, die die ursprüngliche fadenförmige Gestalt bewahrt haben. Welche funktionelle Bedeutung dieser auffallende Dimorphismus der Zweigenden besitzt, könnte nur durch Beobachtungen an lebenden Exemplaren festgestellt werden.

12. Die Gattung *Gorgonocephalus* weist ziemlich regelmäßig unter den Tentakelhäkchen solche mit drei Nebenspitzen auf neben solchen mit zwei oder einer Nebenspitze. Bei *Astrodendrum*, *Astrocladus*, *Astrospartus* finden sich Tentakelhäkchen mit drei Nebenspitzen nicht mehr, nur noch solche mit höchstens zwei. Bei *Astroboa* findet sich nur noch eine Nebenspitze, die aber bei *Astrophytum* auch noch verloren gegangen ist. Bei *Astrochalcis* verlieren die großen Tentakelhäkchen der plumpen Endverzweigungen ihre Nebenspitze, während sie bei den kleinen Häkchen der schlanken Endverzweigungen noch erhalten bleibt.

13. Tentakelpapillen treten ursprünglich vom zweiten Armglied an bei sämtlichen Armgliedern wohl entwickelt auf. Bei *Conocladus* und *Astroconus* können sie Kämme von je 5—6 bilden, bei *Gorgonocephalus* längs der dickeren Armteile oft noch von je vier oder fünf, in anderen Fällen nur noch von je drei, wie auch bei *Astrodendrum* und *Astrocyclus*. Bei *Astrospartus* und *Astrocladus* werden sie klein und verschwinden auf der Armbasis vor der ersten, dann auch vor der zweiten Gabelung. Bei *Astroboa* und Verwandten fehlen sie auf mehr oder weniger großen Teilen des inneren Hauptstammes, bei *A. clavata* sogar auf dem ganzen inneren Hauptstamm bis zu seinen äußeren Verzweigungen. Bei großen Exemplaren dieser Gattungen fehlen sie auf dickeren Teilen aller Arme. Bei *Astrodictyum* und *Astrocaneum* fehlen sie mindestens bis zur dritten Gabelung ganz. Auch die Tentakeln selbst werden in diesen Fällen rudimentär oder verschwinden selbst ganz wie bei *Astrochalcis*.

14. Ursprünglich werden die zu Häkchen umgebildeten Tentakelpapillen auf allen Zweigen gegen deren Ende zu immer kleiner und weniger zahlreich, so daß sie zuletzt nur noch vereinzelt auftreten. Bei *Astrocladus*, *Astroboa* und Verwandten nehmen sie an den plumpen Endverzweigungen an Zahl und Größe wieder zu und bilden hier jederseits auffallende Kämme von je 3—4 kräftigen Häkchen.

15. Die Gürtelhäkchen bilden ursprünglich auf jedem Armglied von der Scheibe an einen ununterbrochenen deutlichen Gürtel, der bei den Tentakelpapillen der einen Seite

beginnt und sich quer über den Rücken des Armgliedes hinzieht bis zur anderen Seite. Sie bilden ursprünglich an allen Zweigenden fast vollständige Ringe um jedes Armglied, die kranzartig vorragen. Jugendliche Exemplare bis zu einer gewissen Größe zeigen bei allen Formen noch diesen Zustand der Häkchengürtel. Bei größeren Exemplaren mancher Arten aber ziehen sich diese Häkchengürtel vielfach von den basalen Teilen der Arme mehr und mehr zurück. Sie werden zunächst unvollständig, so daß an den einzelnen Armgliedern nur noch inselartige Reste übrig bleiben, und verschwinden zuletzt ganz. Sie beschränken sich dann immer mehr auf die äußeren Armverzweigungen. Doch bleiben sie auf den schlanken Zweigenden stets wohlentwickelt. Auf den plumpen Armteilen verkümmern sie aber auch an den Zweigenden mehr oder weniger stark und verschwinden hier öfter fast vollständig (*Astrophytum*).

16. Die Gürtelhäkchen besitzen ursprünglich stets unter der Hauptspitze eine Nebenspitze. Diese geht in der *Astrogordius*-Gruppe völlig verloren, ebenso unabhängig davon bei *Astrophytum* sowie bei *Gorgonocephalus dolichodactylus*.

Stammbaum der verzweigten Gorgonocephalidae.

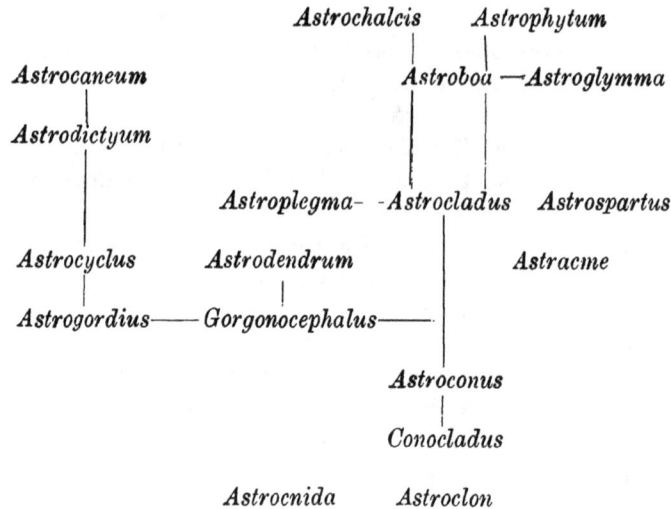

```
                          Astrochalcis    Astrophytum
                               |               |
    Astrocaneum                Astrobou —Astroglymma
         |
    Astrodictyum
         |
         |              Astroplegma- -Astrocladus   Astrospartus
         |                               |
    Astrocyclus    Astrodendrum                  Astracme
         |              |
    Astrogordius—— Gorgonocephalus———
                               |
                           Astroconus
                               |
                           Conocladus


       Astrocnida       Astroclon
```

Das ursprünglichste Stadium in der Verzweigung der Arme bei den *Gorgonocephalidae* stellen die Gattungen *Astrocnida* und *Astroclon* dar, deren Arme erst in sehr weiter Entfernung von der Scheibe verzweigt sind. Es ist aber zweifelhaft, ob die übrigen verzweigten Formen gerade von ihnen abzuleiten sind. Unter diesen ist jedenfalls die Gattung *Conocladus* als die ursprünglichste anzusehen, die wohl auch als Stammform der übrigen gelten kann. Ihre Arme gabeln sich wohl noch in einiger Entfernung von der Scheibe, aber viel näher als bei den beiden oben genannten Formen. Innig mit ihr hängt die Gattung *Astroconus* zusammen, bei der die erste Gabelung noch näher an der Scheibe stattfindet, und die bereits einige akzessorische Platten am Rande des festen Mundfeldes zeigt, die *Conocladus* noch fehlen. Sie zeigt aber die gleichen dicken und kräftigen Stacheln wie diese. Diese beiden Gattungen finden sich an den Küsten des südlichen Australien.

Eine ähnliche aber schwächere Bestachelung wie *Astroconus* zeigt noch *Astracme* von Westindien, bei der aber die akzessorischen Platten die Madreporenplatte vom weichen Interbrachialraum abschließen. Von ihr kann die Mittelmeerform *Astrospartus* abgeleitet werden, die die Bestachelung und den peripheren Plattengürtel der Scheibe eingebüßt hat, und deren Tentakelpapillen sich von der Scheibe zurückgezogen haben.

Auf die Gattung *Astroconus* läßt sich auch *Gorgonocephalus* zurückführen, der sich nur dadurch von ihr unterscheidet, daß er die kräftige Hautbewaffnung aufgegeben hat und mitunter sogar eine ganz nackte Haut zeigt. Das ist eine weit verbreitete typische Kaltwasserform geworden im Gegensatz zu allen anderen verzweigten Formen, die ausschließlich in wärmeren Zonen vorkommen. Von ihr ist wohl *Astrodendrum* abzuleiten, eine indopazifische Form, der der periphere Plattengürtel am Scheibenrand fehlt, den *Gorgonocephalus* noch trägt, der aber auch von allen weiteren Formen aufgegeben wird.

Auf *Gorgonocephalus* ist die *Astrogordius*-Gruppe zurückzuführen, deren Heimat Westindien und das Panamagebiet ist, also beide Seiten von Zentralamerika. Diese Gruppe zeichnet sich durch fünf Madreporenplatten aus, sowie dadurch, daß ihre Gürtelhäkchen keine Nebenspitze mehr besitzen. Die ursprünglichste Form darunter ist *Astrogordius*, die sich sonst nur noch durch das Fehlen des Plattengürtels von *Gorgonocephalus* unterscheidet. Bei *Astrocyclus* beginnen sich die Tentakelpapillen mehr oder weniger von der Scheibe zurückzuziehen, und bei *Astrodictyum* auch noch von den basalen Armabschnitten. *Astrocaneum* erwirbt Stachelkämme auf Scheibe und Armen.

Von *Astroconus* ist wohl auch die Gattung *Astrocladus* abzuleiten, die mit allen ihren Abkömmlingen (außer *Astrophytum*) den Indopazifik bewohnt, vor allem die Gewässer von Australien bis Japan. *Astrocladus* hat den Plattengürtel verloren, akzessorische Platten auf der Unterseite der Scheibe mehr oder weniger reich entwickelt, und die Tentakelpapillen haben sich von der Scheibe zurückgezogen; aber durch das Auftreten von größeren Stacheln und Warzen auf Scheibe und Armen erinnert er noch etwas an *Astroconus*, nur ist jene Bewaffnung recht unbedeutend geworden gegenüber dieser altertümlichen Gattung. *Astroplegma* ist nur ein *Astrocladus*, dessen Madreporenplatte von akzessorischen Platten nach außen umschlossen ist.

Bei der Gattung *Astroboa* werden nun die größeren Stacheln und Warzen, die *Astrocladus* noch hat, ganz aufgegeben, und die Tentakelpapillen ziehen sich auch von den basalen Teilen der Arme weit zurück. Der schon bei *Astrocladus* deutlich vorhandene Dimorphismus der Arme zeigt sich in ausgesprochener Weise bei *Astroboa*, wird aber ganz besonders auffallend bei *Astrochalcis*, bei der an den basalen Teilen der Arme auch ein förmlicher Panzer von Kalkkörpern in den tieferen Hautschichten entsteht. Ein anderer Abkömmling von *Astroboa* ist *Astroglymma*, der fünf Madreporenplatten erwirbt, und endlich auch noch *Astrophytum*, der in den westindischen Gewässern erscheint und wie die ebenfalls dort lebende *Astrogordius*-Gruppe die Nebenspitze an den Gürtelhäkchen eingebüßt hat, aber auch dazu noch die an den Tentakelhäkchen; eine Neuerwerbung für *Astrophytum* sind Stachelreihen längs der Radialschilder und der Arme.

14

Tiefenverbreitung der Euryalae.

Was die Tiefenverbreitung bei den Euryalae betrifft, so ist die Gruppe der *Asterony-chinae* mit den beiden Gattungen *Astrodia* und *Asteronyx* dadurch ausgezeichnet, daß sie hauptsächlich in großen Tiefen von 1000—3300 m angetroffen wird. Doch steigt *Asteronyx* bis zu Tiefen von 156 m empor, *Astrodia excavata* bis zu 275 m.

In Tiefen von nahezu 3000 m fand sich sonst nur noch *Astrochele lymani*, in Tiefen von 1200—1900 m nur einige Arten von *Gorgonocephalus* und von *Asteroschema*, letztere in einem Falle in 4206 m (*A. abyssicola*).

Die große Masse der verzweigten Formen von Euryalae aber sowohl unter den *Gorgonocephalidae* wie unter den *Trichasteridae* hält sich nur in geringeren Tiefen bis etwa 250 m auf und sind daher als reine Litoralformen zu betrachten. Es finden sich unter 21 Gattungen verzweigter Euryalae nur sechs Gattungen, von denen Angehörige auch in größeren Tiefen als 290 m angetroffen wurden. Vor allem ist es die kälteliebende Gattung *Gorgonocephalus*, die in einigen Arten bis etwa 1800 m herabsteigen kann. Während sie in den höheren Breiten in reichlicher Menge auch die geringen Tiefen bewohnt, sucht sie unter den Tropen nur das tiefe Wasser auf, wie das an den Arten aus der Panamabucht und von den Philippinen beobachtet werden kann. Außer dieser ausgesprochenen Kälteform finden sich nur noch Exemplare aus den Gattungen *Astroconus*, *Astrodendrum*, *Astracme*, *Astrocladus* und *Sthenocephalus* in größeren Tiefen bis 400—900 m. Es ist aber sehr bemerkenswert, daß vier Gattungen aus der Familie der *Gorgonocephalidae*, die auch in größerer Tiefe als 250 m leben können, gerade die primitiven Formen dieser Familie darstellen, deren Tentakelpapillen noch ihren ursprünglichen Sitz auf der Scheibe bewahrt haben, während alle Gattungen, die dieses primitive Merkmal aufgegeben haben, mit Ausnahme einiger Fälle bei *Astrocladus*, ausschließlich Litoralbewohner geworden sind. Auch unter den *Trichasteridae* stellt *Sthenocephalus*, der bis 714 m vorkommt, den primitivsten Zustand unter den verzweigten Formen dieser Familie dar.

In ähnliche Tiefen von etwa 400—1000 m wie diese primitiven verzweigten Formen steigen auch die meisten *Gorgonocephalidae* und *Trichasteridae* mit unverzweigten Armen; einige dieser Gattungen finden sich auch in geringerer Tiefe als 200 m, wie *Astrotoma*, *Asteroporpa* und *Astrogomphus*, *Astroceras*, *Asteroschema* und *Astrobrachion*, zu denen noch die Gattungen *Astrothrombus*, *Ophiuropsis* und *Astrogymnotes* gehören, von denen jede nur einmal in einer sicher festgestellten Tiefe beobachtet wurde.

Uebersicht der Verbreitung der Euryalae.

Zahl der Arten		Arktik	Atlantik	Indo-Pazifik	Ant-arktik	Tiefe in m
4	*Astrotoma* . .	—	— —	— Phil.—Cel. — —	Ant.— Subant.	— 4—1183
3	*Astrocrius* . .	—	— —	— Jap. Mol. — N. S.	—	— 366— 400
2	*Astrothamnus* .	—	— —	— Jap Phil. — —	—	— 296— 622
6	*?Astrothamnus* .	—	— —	— Phil. Mol. Arab. Cap Austr. N. S.	—	— 146— 990
2	*Astrothrombus* .	—	— —	— Jap. Austr. —	—	— 100
1	*Astrothorax* . .	—	— —	— Jap. — — —	—	—
1	*Astrochlamys* .	—	— —	— — — —	Ant.	— 200— 290
2	*Astrochele* . .	Subarkt.	— —	Ber. — — —	—	— 366—2933
6	*Asteroporpa* .	—	— W. J.	— Jap. — Austr. N. S.	—	— 37— 366
3	*Astrogomphus* .	—	— W. J	— Ternate — —	—	— 146—1089
1	*Astrocnida* . .	—	— W. J.	— — — —	—	— 5— 220
2	*Astroclon* . .	—	— —	— Jap. Tenimber — —	—	— 200— 236
3	*Conocladus* . .	—	— —	— — Austr. —	—	— 18— 219
1	*Astroconus* . .	—	— —	— — Austr. —	—	— 31— 421
12	*Gorgonocephalus*	Arkt.- Subarkt.	Nord-Atl.	Ber. Jap. Phil. —Chile — N. S.	Subant.	— 15—1850
4	*Astrodendrum* .	—	— —	Gal. Jap. Phil. Ceylon Austr.	—	— 90— 926
1	*Astracme* . . .	—	— W. J.	— — — —	—	— 146— 527
1	*Astrospartus* .	—	Med.	— — — —	—	— 50
7	*Astrocladus* . .	—	— —	— Jap. Phil. —Cap Tonga —	—	— 18— 600
1	*Astroplegma* .	—	— —	— Phil. —	—	— 188
7	*Astroboa* . . .	—	— —	— Jap. Phil.—Zanz.—Austr.	—	— 9— 256
2	*Astrochalcis* . .	—	— —	— Phil. Mol. —	—	— 13— 180
1	*Astrophytum* .	—	Ten. W. J.	— — — ..	—	— 5— 36
2	*Astroglymma* .	—	— —	— Phil. Maur. —	—	— 73— 93
1	*Astrogordius* .	—	— W. J.	— — — —	—	— 36
1	*Astrocyclus* . .	—	— W. J.	— — — —	—	— 5— 229
1	*Astrodictyum* .	—	— —	Pan. — — —	—	—
2	*Astrocaneum* .	—	— W. J.	Pan. — — —	—	— 17
4	*Astrodia* . . .	—	Port. W. J.	Pan. — Austr. —	—	(275)2132—3307
4	*Asteronyx* . .	—	N.-Atl. W. J.	Pan.—Indo-Pazifik —	—	— 156—2963
1	*Ophiuropsis* . .	—	— —	— — Austr. —	—	— 180
3	*Astrocharis* . .	—	— —	— Jap. Phil. — —	—	— 522—1089
45	*Asteroschema* .	—	Atl. W. J.	Pan.—Indo-Pazifik N. S.	—	— 57—1747(4206)
1	*Astrogymnotes* .	—	— —	— — Austr. —	—	— 146— 183
1	*Astrobrachion* .	—	— —	— — Austr. N. S.	—	— 64— 550
4	*Astroceras* . .	—	— —	— Jap. Phil. — N. S.	—	— 64—1033
1	*Sthenocephalus* .	—	— —	— Phil. Banka —	—	— 36 — 714
3	*Trichaster* . .	—	— —	— Jap.—Phil.—Singapur —	—	— 106 — 146
2	*Euryala* . . .	—	— —	— Jap.—Phil.—Ceylon--Austr.	—	— 15— 290

Ant. = Antarktik, Arab. = Arabisches Meer, Atl. = Atlantik, Austr. = Australien, Ber. = Beringsee, Cap = Capland, Cel. = Celebes, Gal. = Galapagos, Jap. = Japan, Maur. = Mauritius, Med. = Mittelmeer, Mol. = Molukken, N. S. = Neuseeland, Pan. = Panamaregion, Phil. = Philippinen, Port. = Portugal, Subant. = Subantarktisch, Ten. = Teneriffa, W. J. = Westindien, Zanz. = Zanzibar.

Geographische Verbreitung der Euryalae.

Soweit sich aus den bisherigen Erfahrungen die geographische Verbreitung der Euryalae beurteilen läßt, ergibt sich etwa folgendes Bild.

In den hohen Breiten fehlen die Trichasteridae ganz. Antarktisch sind nur drei Arten von unverzweigten Gorgonocephalidae, *Astrochlamys bruneus* und *Astrotoma tuberculatum* und *agassizi*, welch letztere sich aber nördlich bis nach Chile und den Falklands-Inseln verbreitet. Boreal sind die beiden Arten von *Astrochele*, die auf das Berings-Meer und die Nordostküste von Nordamerika beschränkt sind. Arktisch circumpolar ist nur die Gattung *Gorgonocephalus*, deren Arten zu den Charakterformen der arktischen Fauna gehören. Sie verbreitet sich von da aus im Nordatlantik, auf der europäischen Seite bis in das südliche Norwegen, auf der amerikanischen Seite bis Massachusets; im Pazifik geht sie südlich bis Süd-Japan und erscheint im tiefen Wasser wieder bei den Philippinen; auf der amerikanischen Seite findet sie sich südlich bis zur Panamabucht und erscheint wieder bei Chile und tritt dann circumpolar überall in dem subantarktischen Gebiet auf, bei Patagonien, den Falklandinseln, beim Capland, den Kerguelen und Neuseeland. Die Gattung ist offenbar eine typische Kaltwasserform.

Alle übrigen Euryalae sind nur aus den wärmeren Zonen bekannt, wo aber besonders die unverzweigten Formen auch in größere Tiefen mit kaltem Wasser hinabsteigen. In diesen Gebieten haben eine allgemeinere, weltweite Verbreitung nur die beiden Gattungen der *Asteronychinae*, *Astrodia* und *Asteronyx*, sowie die artenreiche Gattung *Asteroschema* (incl. *Ophiocreas*). Diese sind sowohl im Atlantik wie im Indopazifik in sehr verschiedenen Gegenden und sehr verschiedenen Tiefen bis 3000 und selbst 4000 m nachgewiesen worden (*Astrodia* bis zu 3307 m, *Asteroschema abyssicola* in 4206 m). Von diesen genannten Formen abgesehen wird nur von zwei Gattungen der *Gorgonocephalidae*, *Asteroporpa* und *Astrogomphus* ihr Vorkommen sowohl im Atlantik (Westindien) wie auch im Indopazifik (Japan bis Australien) angegeben, außerdem lebt *Astrocaneum* auf beiden Seiten von Zentralamerika. Alle übrigen 28 Gattungen der Euryalae sind in ihrem Vorkommen entweder nur auf den Atlantik oder nur auf den Indopazifik beschränkt.

Im Atlantik gibt es nun außer den schon genannten drei weitverbreiteten Gattungen *Astrodia*, *Asteronyx* und *Asteroschema* überhaupt keine *Trichasteridae* und ebenso außer den auch im Indopazifik vorkommenden *Asteroporpa* und *Astrogomphus* keine unverzweigten *Gorgonocephalidae*. Sämtliche auf den Atlantik beschränkte Euryalae sind verzweigte *Gorgonocephalidae*. Und diese (*Astrocnida*, *Astracme*, *Astrophytum*, *Astrogordius*, *Astrocyclus* nebst dem auch im Panamagebiet vorkommenden *Astrocaneum*) sind nur aus westindischen Gewässern bekannt, bis auf eine einzige Gattung aus dem Mittelmeer und Marokko, *Astrospartus*, die wohl von einer der westindischen Gattungen (*Astracme*) abzuleiten ist. Es ist überhaupt höchst bemerkenswert, daß, abgesehen von der auch im Atlantik vorkommenden weitverbreiteten Gattung *Gorgonocephalus* und der Mittelmeergattung *Astrospartus*, sämtliche atlantische *Gorgonocephalidae* (acht Gattungen) nur von Westindien bekannt sind. Von den in Westindien lebenden verzweigten *Gorgonocephalidae* bilden drei Gattungen, *Astrogordius*, *Astrocyclus* und *Astrocaneum* eine natürliche Gruppe, die auch auf der pazifischen Seite des Isthmus im Panamagebiet vertreten ist durch eine zweite Art der Gattung *Astrocaneum* und durch die nächstverwandte Gattung *Astrodictyum*. Diese beiden Gattungen sind auf der pazifischen Seite von Amerika die einzigen Vertreter der Euryalae neben den weitverbreiteten vier Gattungen *Gorgonocephalus*, *Astrodia*, *Asteronyx* und *Asteroschema* (von den Galapagos wird noch ein *Astrodendrum* beschrieben).

Mit Ausnahme von diesen sechs westamerikanischen Gattungen sind die bisher im wärmeren Indopazifik nachgewiesenen Gattungen der Euryalae auffallenderweise fast ganz beschränkt auf die Meeresgebiete um Australien nebst Neuseeland und nördlich davon bis zu den Philippinen und Japan, mit fast völligem Ausschluß der großen Sunda-Inseln und Neu-Guinea. Auf dieser Strecke finden sich nicht weniger als 28 Gattungen der Euryalae vertreten. Nur wenige von ihnen außer den schon genannten weitverbreiteten Gattungen besitzen einige Vertreter weiter im Osten oder im Westen, *Astrodendrum* bei Ceylon und den Galapagos, *Astrocladus* bei Tonga, dem Capland, Ostindien und Wladiwostok, *Astroboa* und *Astroglymma* bis Ostafrika bzw. Mauritius, *Astrotoma* im Antarktik, *Trichaster* bis Ceylon und *Euryala* bis Singapur.

Das ambonesische Gebiet.

Es erschien mir sehr wünschenswert, das Gebiet in der indomalayischen Inselwelt, das durch diese außerordentlich üppige Entfaltung der Euryalae in so scharfem Gegensatz zu deren übrigen Teilen steht, unter einer einzigen Bezeichnung zusammenfassen zu können. Deshalb war es mir auch besonders interessant, als mir mein Freund, Herr Dr. Mortensen, mit dem ich diesen Fall besprach, mitteilte, daß er beim Studium der Verbreitung der *Cidaridae* ganz ähnliche Erfahrungen gemacht habe. Diese Familie von Seeigeln zeichnet sich in dem gleichen Gebiet ebenfalls durch einen überraschend großen Formenreichtum aus im Gegensatz zu anderen Gebieten im Indopazifik. Das Zentrum dieses Formenreichtums befindet sich in den Molukken, und er macht sich ebenfalls nördlich bis Japan geltend.

Ich möchte nun diesen so begünstigten Teil des indomalayischen Inselgebietes als „Ambonesisches[1]) Gebiet" bezeichnen. Es erstreckt sich in nordsüdlicher Richtung zwischen Formosa und Australien, in ostwestlicher Richtung zwischen Neuguinea und Borneo und umfaßt hauptsächlich die Philippinen, die Molukken nebst Celebes und die kleinen Sundainseln. In diesem so umgrenzten „Ambonesischen Gebiet" vereint mit dem nördlich angrenzenden „Japanischen" und dem südlich angrenzenden „Australischen" Gebiet finden sich sämtliche 28 Gattungen der Euryalae des wärmeren Indopazifik vertreten, die außerhalb des Panamagebietes bisher festgestellt sind. Vollständig beschränkt auf diese drei zusammenhängenden Gebiete sind 15 Gattungen. Nur 13 von diesen 28 Gattungen der Euryalae haben auch außerhalb dieses bevorzugten Gebietes Vertreter, und von ihnen sind nur sechs auf den Indopazifik beschränkt, haben aber in diesem Gebiet ihre meisten Vertreter. Denn im ganzen übrigen Indopazifik finden sich höchstens vereinzelte Arten von Euryalae. Nirgends wieder kommt eine solche Anhäufung von Formen vor wie in diesem Euryalenparadies. Es sind bisher 83 Arten aus diesem ganzen Gebiet beschrieben, von denen 21 zur Gattung *Asteroschema* gehören. Man kennt im ganzen 38 Gattungen von Euryalae mit 149 Arten, darunter 45 (?) *Asteroschema*.

---

[1]) Seit alten Zeiten gilt gerade Amboina (Ambon) als besonders begünstigte Heimat interessanter Meerestiere.

In jedem von den drei Gebieten, aus denen sich das indopazifische Euryalen-Gebiet zusammensetzt, findet sich annähernd die gleiche Anzahl von Gattungen, im „ambonesischen" 19, im „australischen" (inkl. Neuseeland) 16 und im „japanischen" Gebiet ebenfalls 16 Gattungen. Nur eine einzige der japanischen Gattungen ist bisher ausschließlich aus Japan bekannt, aber nur in einem einzigen Exemplar (*Astrothorax*). Nicht weniger als 13 Gattungen aus dem japanischen Gebiet finden sich aber auch im ambonesischen Gebiet, so daß man diese beiden als ein einheitliches, aufs innigste zusammengehöriges „ambonesisch-japanisches" Gebiet betrachten muß. Dagegen sind fünf indopazifische Gattungen ganz auf das südliche Australien beschränkt (*Conocladus*, *Astroconus*, *Ophiuropsis*, *Astrogymnotes* und *Astrobrachion*, letztere auch bei Neuseeland), so daß dieses „australische" Gebiet gegenüber dem „ambonesisch-japanischen" Gebiet eine größere Selbständigkeit besitzt.

Diesem bevorzugten Euryalen-Gebiet im Indopazifik entspricht als Gegenstück im Atlantik das westindische Gebiet, das aber mit dem Panamagebiet auf der pazifischen Seite des Isthmus aufs innigste zusammengehört, soweit es die litoralen Euryalae betrifft, wie oben bereits ausgeführt wurde. Man kann daher hier von einem „zentralamerikanischen" Euryalengebiet sprechen, das durch den Isthmus in zwei ungleiche Teile getrennt ist, mit 13 Gattungen, von denen sieben vollständig auf dieses Gebiet beschränkt sind. Von 13 Gattungen der Euryalae, die im Atlantik vorkommen, sind zwölf in diesem zentralamerikanischen Gebiet zu finden. Die Zahl der dort lebenden Arten beträgt 31, unter denen 14 zur Gattung *Asteroschema* gehören.

Wie also im Atlantik das westindische Gebiet, so ist im Indopazifik das von Australien bis Japan sich erstreckende Meeresgebiet dasjenige, in dem die Euryalae ihren größten Formenreichtum entwickelt haben, im Atlantik nur *Gorgonocephalidae* (außer den kosmopolitischen Gattungen), im Indopazifik sowohl die *Gorgonocephalidae* wie die *Trichasteridae*.

Doch ist dies Bild der Verbreitung der Euryalae offenbar noch lückenhaft. Das geht schon daraus hervor, daß eine größere Menge der Arten bisher nur in einem oder in ganz wenigen Exemplaren oft nur von einem einzigen Fundort bekannt wurden, daß überhaupt mit wenigen Ausnahmen Euryalae nur sehr selten und dann meist nur in einzelnen Exemplaren erbeutet werden, und daß ungeheure Meeresgebiete bisher überhaupt noch keine oder fast keine Euryalae geliefert haben, vielleicht abgesehen von Arten der Gattung *Asteroschema*. So sind östlich von Neuseeland, den Philippinen und Japan bis zur amerikanischen Küste, abgesehen von einigen *Asteroschema*, bisher nur an zwei Orten Vertreter der Euryalae erbeutet worden, *Astrodendrum galapagense* und *Astrodictyum panamense* bei den Galapagos und *Astrocladus tonganus* bei den Tonga-Inseln. Von den doch ziemlich gut erforschten Hawaii-Inseln oder von Neu-Guinea ist bisher noch keine Art bekannt, von Sumatra, Java und Borneo nichts außer *Sthenocephalus* bei Banka, von den afrikanischen Küsten außer *Asteroschema* nur ein *Astrospartus* im Norden, ein *Gorgonocephalus*, ein *Astrocladus* und ein *Astrothamnus*(?) im Süden und eine *Astroboa* im Osten, von Südamerika nur ein *Astrodictyum* bei Peru, ein *Astrotoma* und ein *Gorgonocephalus* im Süden und ein *Astrophytum* bei Brasilien. Es ist offenbar, daß mit den gewöhnlichen Fangmethoden die meisten Euryalae, die in der Regel angeklammert an festsitzende strauch- und baumartige Gorgonaceen und Pennatulaceen u. dgl. leben, nur ausnahmsweise einmal erbeutet werden können.

Beschreibung von Gattungen und Arten der Euryalae.

1. Familie Gorgonocephalidae.

Astrotoma manilense nov. sp.

Taf. 1, Fig. 1—1 b.

Station[1]) 5119 Sombrero Id., 13⁰ 45′ 5″ N, 120⁰ 30′ 30″ E, 394 fath.; green Mud, Sand; Temp. 43.7⁰ F.

Der Durchmesser der Scheibe ist 31 mm, ihre Höhe 11 mm. Entfernung vom Zentrum bis zum weichen Interbrachialraum 10 mm, bis zum Ende eines Radialschilds 16 mm.

Die Arme sind etwa 11 mal so lang als der Scheibendurchmesser, ihre Breite an der Basis ist 6.3 mm, ihre Höhe 7 mm, beim 30. Armglied 4 mm breit, 6 mm hoch. Die Länge einer Genitalspalte ist 3 mm.

Die Scheibe hat etwas erhöhte schmale Rippen, die etwa gleich weit von einander entfernt sind, und deren äußeres Ende ziemlich breit wird und bis zum fünften Armglied hervorragt; ihre Seiten sind etwas eingebuchtet. Die Rippen erreichen das Zentrum nicht ganz. Sie zeigen je zwei dicht aneinanderstoßende Reihen von alternierend stehenden Stachelchen, die am breiten peripheren Ende der Rippen zahlreich werden. Auch der periphere Rand zwischen den Rippen trägt eine Anzahl von Stachelchen. Die Interkostalräume sind mit äußerst kleinen flachen Schüppchen gepflastert, die vielfach in radiärer Richtung verlängert sind und etwa zehn unregelmäßige radiäre Reihen in einem interradiären Interkostalraum bilden. Auch der breite quadratische weiche Interbrachialraum ist ganz glatt, mit flachen Plättchen gepflastert. Der abradiale Rand der nach unten etwas konvergierenden Genitalspalten zeigt eine Reihe kleiner Stachelchen.

Die Unterseite der Scheibe hat ein höckeriges Aussehen und ist mit nicht sehr großen flachen und konvexen Plättchen gepflastert; darauf stehen vereinzelt kleine Stachelchen. Der interbrachiale Rand des Mundskeletts zeigt einen dichten Saum von Stacheln, die in die Stachelkämme der Arme übergehen. Das ganze Mundskelett ist flach, nur die Kiefer ragen buckelförmig etwas vor. Die kleine, flache, querovale Madreporenplatte liegt darauf, 1.5 mm entfernt vom Außenrande, durch die Stacheln davon getrennt. Die Plättchen der Unterseite lassen sich auch auf den Seiten der Kiefer erkennen. Kleine Zähne, Zahnpapillen und einige sich anschließende Mundpapillen sind gleichmäßig stachelartig, die Zähne am größten. Auch der äußere Buckel der Kiefer ist ähnlich bestachelt. Auf den Seiten der Kiefer finden sich niedere Wärzchen.

---

[1]) Die angegebenen Nummern von Stationen beziehen sich auf die Stationen des Fischereidampfers „Albatroß" der Vereinigten Staaten. Bei der Erklärung der Nummern wurde absichtlich die ursprüngliche englische Fassung beibehalten.

Die Arme sind schmal, schon von der Basis an etwas höher als breit, unten ganz flach; ihr Rücken geht in gleichmäßiger Rundung in die flachen Seiten über. Weiter außen werden sie auffallend komprimiert und viel höher als breit. Sie nehmen von der Basis an gleichmäßig an Stärke ab; ihr Ende ist fadenförmig dünn. Die Armglieder treten als schwache Wülste etwas vor, was den spiralig einrollbaren Armen eine Ähnlichkeit mit den großen Hörnern der Wildschafe verleiht. Sonst erscheint die Oberfläche der Arme ziemlich glatt. Quer über jedes Armglied zieht sich von den Kämmen der Tentakelpapillen aus ein erhöhter Gürtel, der aus vier etwas unregelmäßigen Querreihen hoher, etwa gleichgroßer Körnchen besteht, von denen die beiden mittleren die Doppelreihen von kleinen Gürtelhäkchen tragen, die von der Armbasis an vollständige Häkchengürtel darstellen. Diese erhöhten Gürtel werden durch niederer liegende Gürtel kleiner flacher Plättchen getrennt, die intervertebral liegen. Diese flachen Plättchen werden in inselartige Felder getrennt durch netzartig verbundene Querreihen kleiner erhabener Körnchen, die zwischen ihnen verlaufen. Weiter außen am Arm sind die doppelreihigen Häkchengürtel proximal und distal umsäumt von je einer Querreihe viel kleinerer Körnchen und sind von einander getrennt durch intervertebral liegende Gürtel von flachen Plättchen, zwischen denen keine konvexen Körnchen mehr erscheinen. Näher dem Armende treten die Häkchengürtel kranzartig stark vor über die flachen Plättchengürtel. Die Gürtelhäkchen sind stark gebogen ohne Nebenspitze.

Die flache Unterseite der Arme ist ähnlich wie die der Scheibe mit gröberen gewölbten Plättchen gepflastert. Es können an der Basis der Arme bis zum sechsten Glied vereinzelt kleine Stachelchen darauf vorkommen. Weiter außen verschwinden die Buckel und die Unterseite wird ganz flach.

Die erste Armtentakel, die auf der Scheibe liegt, wird nur von vereinzelten isolierten Stachelchen begleitet. Das zweite Armglied trägt jederseits an seinem Außenrande drei (zwei) in der Längsrichtung der Arme sehr stark komprimierte kantige Stümpfe, die in einigen scharfkantigen Ecken enden. Vom fünften (dritten) Glied an schließt sich eine vierte Tentakelpapille an, die nach dem zehnten (zwölften) Glied wieder verschwindet. Diese Tentakelpapillen werden kaum länger als ein halbes Armglied, sind wenig länger als breit und dicht aneinandergeschmiegt; ihr scharf gezacktes Ende ist sehr stark komprimiert. Die äußerste ist am kleinsten, die anderen ungefähr gleich lang und alle sehr stark komprimiert. Weiter nach außen treten nur noch zwei Tentakelpapillen auf, die eine stabförmige Gestalt annehmen. Die letzten Tentakelpapillen am äußersten Armende sind krallenartig und wie die Gürtelhäkchen einfache Haken ohne Nebenspitze.

Die Farbe des Alkoholexemplars ist fast ganz weiß.

Das vorliegende Exemplar ist nahe verwandt mit dem von Koehler 1922 beschriebenen *Astrothamnus deficiens*, läßt sich aber nicht der gleichen Art zuweisen. Bei Koehlers Art ist die Basis der Arme breit, der weiche Interbrachialraum klein, die Zahnpapillen sind gefurcht, die Stachelchen auf der Bauchfläche der Arme finden sich bis zum 30. Glied (bei meinem Exemplar nur bis zum sechsten), und die Tentakelpapillen sind nicht komprimiert, während sie bei meinem Exemplar sehr stark komprimiert sind, weil sie dick sind und dabei gedrängt stehen.

Die Übereinstimmung mit *A. deficiens* zeigt sich aber unter anderem besonders auch in der Gestalt der Gürtelhäkchen, die bei beiden Arten sehr stark gebogen sind, aber keine

Nebenspitze zeigen. Vermutlich dürfte auch bei den Tentakelhäkchen von *A. deficiens* die Nebenspitze fehlen.

Zur Gattung *Astrothamnus*, wie sie von Matsumoto 1915 definiert wird, können die beiden Arten aber auf keinen Fall gestellt werden. Die intervertebralen Gürtel zwischen den Armgliedern (Interannuli nach Matsumoto) bestehen aus zahlreichen Reihen feiner Plättchen und Körnchen wie bei der Gattung *Astrotoma*, während bei *Astrothamnus* nur zwei Reihen vorhanden sein sollen. Unter den von Matsumoto bei der Gattung *Astrotoma* gelassenen Arten ist es aber gerade der Genotyp *A. agassizi* Lyman, der den beiden Arten am nächsten steht. Diese Art besitzt die gleiche charakteristische Form von Gürtelhäkchen sowie von Tentakelhäkchen, an denen Nebenspitzen völlig fehlen, wie das bei den beiden Arten festgestellt ist. Die schönen Abbildungen von *A. agassizi* bei Koehler 1922 geben darüber Aufschluß.

Darüber kann gar kein Zweifel sein, daß die drei Arten *Astrotoma agassizi*, *A. deficiens* und *A. manilensis* eine eng zusammengehörige Gruppe bilden, der der Gattungsname *Astrotoma* bleiben muß. Diesen drei Arten möchte ich noch *Astrothamnus tuberculatus* Koehler 1923 (Swedish Exp.), p. 133 anschließen, der nach der Gestalt seiner Gürtel- und Tentakelhäkchen ebenfalls hierher zu gehören scheint. Zur Gattung *Astrothamnus* gehört auch diese Art gewiß nicht, denn zu deren Genotyp *A. echinaceus* hat sie gar keine Beziehungen.

Gattung **Astrocrius** nov. genus.

Bei den anderen bisher noch bei *Astrotoma* gebliebenen Arten *murrayi* Lyman, *sobrina* Matsumoto und *waitei* Benham besitzen die Gürtelhäkchen und wahrscheinlich bei allen auch die Tentakelhäkchen eine oder zwei Nebenspitzen (für *A. benhami* Bell ist darüber nichts angegeben), und lassen sich dadurch jedenfalls scharf von den echten *Astrotoma*-Arten trennen. Ich möchte für diese Gruppe den Gattungsnamen **Astrocrius** (ό κριός der Widder) verwenden und als Genotyp *A. sobrinus* Matsumoto annehmen.

Astrothamnus mindanaensis nov. sp.
Taf. 1, Fig. 2—2 c.

Station 5424 Jolo-See, Cagayan Id., 9⁰ 37′ 05″ N, 121⁰ 12′ 37″ E, 340 fath., Coral Sand, Temp. 49.8⁰ F.
Station 5543. Nord-Mindanao, Tagolo Lt., 8⁰ 47′ 15″ N, 123⁰ 35′ E, 162 fath., Sand, Temp. 54.5⁰ F.

Der Scheibendurchmesser eines Exemplars ist 18 mm. Die Scheibe reicht bis zum fünften Armglied, bei kleineren Exemplaren bis zum zweiten. Die ganze Oberfläche der Scheibe mit ihrem Rand ist bedeckt von gedrängt stehenden rundlichen Höckern von sehr verschiedener Größe, deren sonst glatte Oberfläche je ein oder mehrere feine Dörnchen tragen können. Die fünf größten dieser Höcker (von ca. 1.2 mm Durchmesser) stehen radial nicht näher dem Zentrum als dem Rand der Scheibe und dürften den fünf primären Radialia entsprechen. Die übrigen Höcker zeigen keine deutliche Anordnung und verdecken auch bei trockenen Exemplaren die Grenzen der Radialschilder; doch ist die Scheibe interradiär etwas eingesunken, was besonders am Rande sehr deutlich wird. Der zwischen den langen schlitzförmigen Genitalspalten liegende breite Interbrachialraum ist ebenfalls von ähnlichen aber kleineren Höckern, die zum Teil kegelförmig werden, dicht bedeckt. Die

Genitalspalten sind etwa 3.5 mm lang und konvergieren nach unten. Sie reichen vom zweiten bis vierten Armglied. Das ganze Mundfeld ist ebenfalls von einem Pflaster dichtstehender, aber kleinerer Höcker bedeckt; sie sind oft von kegelförmiger Gestalt mit feinem Enddorn. Die am Rand des harten Mundfeldes stehenden Höcker sind viel größer als die übrigen. Die einzige etwas gewölbte Madreporenplatte liegt über dem festen Innenrande eines Interbrachialraums, dessen Entfernung vom Zentrum 5 mm beträgt. Die Oberfläche der fünf Kiefer ist stark gewölbt und grob gekörnelt und trägt auch einige Stacheln, die nur etwas plumper sind als die schlanken und spitzen, aber ziemlich kräftigen, einen unregelmäßigen Haufen bildenden Zähne und Zahnpapillen. Mundpapillen sind nicht vorhanden.

Die stark eingerollten Arme sind vielleicht sechsmal so lang als der Scheibendurchmesser, an ihrer Basis etwa 4.2 mm breit und ebenso hoch und verjüngen sich ganz allmählich gegen das fein auslaufende Armende. Die Grenzen der Armglieder sind durch Querfurchen deutlich sichtbar, doch treten am Ende der Arme die Häkchengürtel nicht sehr auffallend hervor. Jedem Armglied von der Armbasis an entspricht ein stark gewölbter dorsaler Quergürtel, der sich bis zur Basis der Tentakelpapillen erstreckt; er ist in der Mittellinie unterbrochen und jederseits in ein größeres oberes und ein kleineres unteres Stück zerfallen; das untere stellt die Seitenschilder der Arme dar. Dieser Gürtel ist überall dicht bedeckt mit Gürtelhäkchen, die schon am proximalen Teil der Arme in zwei sehr unregelmäßigen Reihen auftreten. Jeder Gürtel besteht aus zwei Reihen sehr kleiner Plättchen, deren jedes ein Häkchen trägt, das unter der Endspitze noch 2—5 kürzere Nebenspitzen zeigt und dadurch säge- oder kammförmige Gestalt erhält. Diese hochgewölbten Häkchengürtel sind von einander getrennt durch Quergürtel tieferliegender kaum gewölbter großer Plättchen, die glatt sind und keine Häkchen tragen; sie sind im proximalen Teil der Arme durchschnittlich kaum halb so breit als die Häkchengürtel und bestehen hier seitlich nur aus einer Reihe von Plättchen, deren unterstes besonders groß ist; nahe der Mittellinie sind sie kleiner und zahlreicher; weiter nach außen werden diese Gürtel verhältnismäßig breiter, und gegen das Ende der Arme sind sie etwa doppelt so breit wie die Häkchengürtel, die hier sehr deutlich noch zwei Reihen von Häkchen tragen, und bestehen aus etwa drei Reihen von flachen Plättchen. Die Unterseite der Arme ist von einem dichten Pflaster kleiner polyedrischer Körnchen bedeckt.

Neben der ersten Armtentakel auf der Scheibe fehlen Papillen, neben der zweiten ist meist je eine vorhanden, von der dritten an finden sich je zwei entwickelt, ausnahmsweise einmal drei. Sie sind walzenförmig oder abgestutzte Kegel, fast so lang wie ein Armglied, mit dornigem Ende. Gegen das Armende werden sie hakenförmig und zeigen zuletzt unter der Endspitze noch eine bis zwei Nebenspitzen.

Die Farbe der Alkoholexemplare ist schneeweiß. Die vorliegende Art von den Philippinen steht dem japanischen, von Matsumoto 1915 beschriebenen *Astrothamnus echinaceus* zweifellos sehr nahe. Während nach der Beschreibung und Abbildung (Matsumoto 1917 p. 66 und Taf. 2, Fig. 11) bei der japanischen Art die intervertebralen Plattengürtel der Arme (Interannulli) aus je zwei Querreihen kleiner glatter Plättchen bestehen, die oberhalb der Tentakelpapillen mit einer einfachen großen runden Platte jederseits abschließen, findet sich bei der neuen Art an dieser Stelle nur eine Querreihe größerer glatter Plättchen, deren unterste jederseits ebenfalls eine solche große runde Platte darstellt. Nur längs der dorsalen Mittellinie, wo die Häkchengürtel unterbrochen sind, zeigt der intervertebrale Platten-gürtel kleine Plättchen in etwa zwei unregelmäßigen Reihen. Auch die große runde unterste Platte entspricht einer Unterbrechung des Häkchengürtels an dieser Stelle. Die Bedeckung der Scheibe auf der Oberseite hat bei beiden Arten den gleichen Charakter, nur sind bei der neuen Art die Warzen auf der Dorsalseite gröber als bei der japanischen. Völlig über-einstimmend sind die Gürtelhäkchen, die bei beiden Arten bis 4—5 kleinere Nebenspitzen aufweisen. *A. echinaceus* hat 3, *A. mindanaensis* meist nur 2 Tentakelpapillen. Daß die an-deren von Matsumoto zu *Astrothamnus* gestellten Arten, *rigens*, *vecors* und *bellator* Koehler wirklich zu dieser Gattung gehören, halte ich noch für keineswegs erwiesen. Ich glaube, daß die Untersuchung der Gürtelhäkchen am schnellsten diese Frage entscheiden würde, denn diese sind sehr charakteristisch. Was den *Astrothamnus tuberculosus* Koehler 1923 betrifft, so gehört wenigstens dieser sicher nicht zu dieser Gattung, sondern scheint mir eine echte *Astrotoma* zu sein.

Daß Matsumoto 1915 seinen *A. echinaceus* nicht in die gleiche Gattung *Astrotoma* neben *A. agassizi* und *A. sobrinus* stellen wollte, sondern dafür die neue Gattung *Astro-thamnus* schuf, war durchaus gerechtfertigt. Doch scheint mir das charakteristische an dieser Gattung im Gegensatz zu *Astrotoma* weniger die Zahl der intervertebralen Plättchen-reihen an den Armen zu sein, die bei *A. echinaceus* 2, bei *A. agassizi* und *sobrinus* mehr als zwei beträgt. Sehr viel wichtiger und charakteristischer scheint mir der Umstand zu sein, daß bei *Astrothamnus* die vertebralen Häkchengürtel sowohl dorsal in der Median-linie wie lateral etwas oberhalb der Tentakelpapillen unterbrochen sind. Durch diese Unter-brechungen erhalten die glatten Plättchen des intervertebralen Gürtels Platz, um sich aus-zubreiten. Dorsal äußert sich das durch eine Vermehrung der dort stets klein bleibenden Plättchen, die in die Lücke sich einschieben, lateral durch Ausbildung einer einfachen, besonders großen Platte, die auch den intervertebralen Plättchengürtel unten abschließt. Dazu kommen noch die sehr charakteristischen kammförmigen Gürtelhäkchen. Arten, deren vertrebrale Häkchengürtel keine Unterbrechung zeigen, deren intervertebraler Plätt-chengürtel nicht mit einer besonders großen Platte unten jederseits abschließt, und die keine kammförmigen Gürtelhäkchen besitzen, gehören nicht in die Gattung *Astrothamnus*.

Bestimmungsschlüssel für die Gattungen der Gorgonocephalidae mit verzweigten Armen.

Mehr als 30 Armglieder vor der ersten Gabelung . . . 1
Weniger als 20 Armglieder vor der ersten Gabelung . . 2

1 {
Scheibe und Arme ohne Querwülste . . . *Astroclon*
Genotyp: *A. propugnatoris*
Scheibe und Arme mit Querwülsten . . *Astrocnida*
Genotyp: *A. isidis*

2 {
Nur eine (ausnahmsweise 2—3 von verschiedener Größe) Madre-porenplatte 3
Fünf Madreporenplatten von gleicher Größe 13

14 {
Tentakelpapillen auf der Scheibe vor der ersten oder zweiten Gabelung 15
Tentakelpapillen fehlen wenigstens vor der vierten Gabelung 16
}

15 {
Rippen ohne Querwülste, Tentakelpapillen vor der ersten Gabelung . . . . *Astrogordius*
Genotyp: *A. cacaoticus*
Rippen und Arme mit Querwülsten . . *Astrocyclus*
Genotyp: *A. caecilia*
}

16 {
Scheibe und Arme mit Querreihen von Stacheln *Astrocaneum* (p. 55)
Genotyp: *A. spinosum*
Scheibe und Arme ohne Stacheln *Astrodictyum* nov. gen. (p. 56)
Genotyp: *A. panamense*
}

Gorgonocephalus sundanus nov. sp.

Taf. 2, Fig. 1—1 b.

Station 5646. Buton Strait, North Id.; 5⁰ 31′ 30″ S, 122⁰ 22′ 40″ E.; 456 fath.; green Mud.

Die Scheibe des einzigen Exemplars dieser neuen Art hat einen Durchmesser von 63 mm, ist deutlich eingebuchtet und mit einem schmalen peripheren Plattenring versehen. Die Rippen sind sehr deutlich, in ihrer Mitte am breitesten, gegen das Zentrum spitz zulaufend und nach der Peripherie zu etwas verschmälert; sie machen deutlich den Eindruck, daß jede aus etwa einem Dutzend übereinandergreifender Schuppen besteht. Die ganze Scheibe ist oben wie unten mit glatter Haut bedeckt ohne Spur einer Körnelung; ähnlich erscheint die Oberfläche der feuchten Arme mit Ausnahme der Häkchengürtel. Die flache Madreporenplatte nimmt den ganzen adoralen Winkel eines weichen Interbrachialraums ein. Die stäbchenförmigen Zähne, Zahn- und Mundpapillen bilden einen dichten Haufen. Die Zähne sind mäßig lang, die Mundpapillen sehr kurz und lassen die aborale Hälfte der Mundwinkel völlig frei. Die Genitalspalten sind lang, mit glatten Rändern und erstrecken sich etwa vom vierten bis zwölften Armglied. Die erste Tentakel ist etwa gleichweit entfernt vom Mundwinkel wie vom weichen Interbrachialraum oder etwas näher dem ersteren.

Die Arme zeigen bis zur ersten Gabelung sechs bis sieben Glieder. Die erste Gabelung liegt am Rand der Scheibe; es lassen sich etwa zehn aufeinanderfolgende Gabelungen feststellen. Die Zahl der Glieder an den aufeinanderfolgenden Abschnitten eines Hauptstammes ist folgende:

7; 9, 17, 15, 15, 18, 18, 23, 30, 38 + 1. —

6; 10, 19, 18, 22, 27, 54 + 2.

Neben den ersten zwei oder drei Armtentakeln fehlen Papillen; neben den nächsten Tentakeln steht je eine winzige Papille, nahe der ersten Gabelung je zwei, und von der Mitte des zweiten Armabschnitts an je drei Papillen, sehr selten mehr. An den äußeren Verzweigungen nimmt wie gewöhnlich die Zahl der Papillen wieder ab. Die Tentakelpapillen haben ungefähr den dritten Teil der Länge eines Armglieds; die letzten hakenförmigen besitzen neben der Endspitze noch eine Nebenspitze, die vorhergehenden zwei oder drei Nebenspitzen.

Sehr auffallend treten bei dieser Art die Häkchengürtel hervor; sie finden sich von der Armbasis an als fast ununterbrochene Gürtel entwickelt. Die schmalen Doppelreihen

ihrer Wärzchen sind etwas erhöht gegenüber den dazwischenliegenden Teilen der Armoberfläche, die nur in trockenem Zustand mehrere (etwa sechs) unregelmäßige Querreihen
dünner flacher Kalkplättchen erkennen läßt, zwischen denen sehr vereinzelt einige kleine
runde gewölbte Plättchen sichtbar sind. Die Gürtelhäkchen selbst zeigen eine Nebenspitze
unter der Endspitze.

Durch die von der Armbasis an deutlich hervortretenden Häkchengürtel erinnert
G. *sundanus* etwas an G. *dolichodactylus*, dessen Gürtelhäkchen aber keine Nebenspitzen
zeigen. Bei allen anderen Arten der Gattung sind im proximalen Teil der Arme die
Häkchengürtel nicht auffallend, da sie im Gegensatz zu den genannten Arten nicht über
die übrige Armoberfläche hervorragen, sondern eher eingesenkt liegen und keine zusammenhängenden Gürtel darstellen. Erst in den äußeren Teilen der Arme treten sie scharf aus
ihrer Umgebung hervor, was bei der vorliegenden Art schon von der Basis der Arme an
geschieht. Auch unterscheidet diese sich von fast allen anderen Arten der Gattung dadurch,
daß auf der Scheibe keine Spur von Körnelung sichtbar ist, auch nicht auf den Rippen
oder am Rand der Genitalspalten.

	moluccanus	sundanus
Station Nr.	5635	5646
Durchmesser der Scheibe	73 mm	63 mm
Zentrum bis Ende der Rippen . .	44 „	34 „
Zentrum bis weicher Interbrachialraum .	14 „	13 „
Länge einer Genitalspalte . . .	22 „	15 „
Armbreite auf der Scheibe . . ,	11 „	11 „
Armbreite nach der ersten Gabelung . .	10 „	8 „

Gorgonocephalus moluccanus nov. sp.
Taf. 2, Fig. 2—2 b.

Station 5635. Pitt Passage, Gomomo Id.; 1° 53′ 30″ S, 127° 39′ E; 400 fath.; hard, Coral, Rock, Soapstone.

Diese Form unterscheidet sich von G. *sundanus* fast lediglich dadurch, daß sich auf
den Rippen sowie auf dem peripheren Plattengürtel der Scheibe zerstreut feine Dörnchen
finden, und daß ebenso auf dem abradialen Rand der Genitalspalten eine Reihe feiner
Körnchen sich zeigt. Im übrigen ist die Scheibe wie bei G. *sundanus* völlig nackt. Die
Rippen, die ich bei G. *sundanus* in der Mitte verbreitert fand, sind hier in ihrer ganzen
Ausdehnung gleich breit. Endlich finden sich bereits vom zweiten Armtentakel an je zwei
ziemlich wohlentwickelte Papillen, von der ersten Gabelung ab je drei von halber Länge
eines Armglieds. Im übrigen stimmt die Form völlig mit G. *sundanus* überein, besonders
auch in der für diese Art so charakteristischen Ausbildung der Häkchengürtel, die ebenfalls bis ganz nahe zur Scheibe vollständig sind und sich deutlich über die übrige Armoberfläche erheben.

Nach der Ausbildung der Arme lassen sich die beiden Formen überhaupt nicht
unterscheiden, und es ist fraglich, ob die anderen Unterschiede berechtigen, überhaupt eine
Trennung zu begründen, Was die Körnelung der Scheibe und das Auftreten der ersten
Armpapillen betrifft, so weiß ich, daß bei anderen Arten der Gattung diese Merkmale sehr

variabel sein können; dagegen habe ich nicht genügend Erfahrung, wie weit die Gestalt der Rippen variieren kann. Vorläufig dürfte es sich empfehlen, die beiden Formen als verschiedene Arten anzusprechen, bis größeres Material vielleicht ihre Vereinigung fordern wird.

Die Arme zeigen bis zur ersten Gabelung sechs bis sieben Glieder; die Zahl der Glieder an den aufeinanderfolgenden Abschnitten von Hauptstämmen der Arme ist folgende:

$$7;\begin{cases} 7, 10, 26, 24, 31, 33 \ldots \\ 9, 17, 15, 20, 32, 50, \text{ca. } 120. - \end{cases}$$

6; 7, 16, 20, 22, 27, 35, 36, 82, 6. —

Die Madreporenplatte im inneren Winkel eines weichen Interbrachialraumes ist ziemlich klein und flach. Die Genitalspalten sind auffallend groß. Die Farbe des lebenden Tieres war einfarbig blutrot.

Gorgonocephalus dolichodactylus Döderlein.

Gorgonocephalus dolichodactylus Döderlein 1911, Japanische und andere Euryalae, pag. 34, Taf. 1, Fig. 4, 5.; Taf. 4, Fig. 6; Taf. 7, Fig. 3—4 b.

Station 5236. Ost-Mindanao, Magabao Jd.; 8° 50′ 45″ N., 126° 26′ 52″ E; 494 fath.; Temp. 41.2° F.; fine gray Sand.

Das einzige vorliegende Exemplar dieser Art zeigt eine ziemlich dichte Körnelung der Rippen. Es stimmt völlig überein mit den bisher bekannten Exemplaren von Japan und zeigt wie diese sehr deutlich die vorstehenden schmalen Häkchengürtel von der Armbasis an.

Größter Durchmesser der Scheibe . . .	29	mm
Zentrum bis erste Tentakel	8	„
Zentrum bis erste Armgabelung . .	22	„
Zentrum bis weicher Interbrachialraum .	8	„
Breite eines Armes vor der ersten Gabel .	6	„
Breite eines Armes nach der ersten Gabel .	4	„
Länge einer Genitalspalte	4	„

Gorgonocephalus arcticus Leach.

Gorgonocephalus arcticus Leach 1819, in Roß, Voyage of Discov., Vol. 2, Append. Nr. 4, p. 178.

Astrophyton agassizi Stimpson 1853, Invert. Gr. Manan, Smithson. Contrib. Vol 6, p. 12.

Gorgonocephalus arcticus Döderlein 1911, Japan. und andere Euryalae, p. 103.

Brown's Bank, südlich vom Südwestende von Nova Scotia, 42° 45′ N, 66° W., coll. Butler.

Gorgonocephalus stimpsoni Verrill.

Taf. 2, Fig. 3—3 b.

Astrophyton stimpsoni Verrill 1869, Proc. Boston Soc. Nat. Hist., Vol. 12, p. 388.
Gorgonocephalus stimpsoni Lyman 1882, Challenger-Ophiur., p. 264.
,,   ,,   Döderlein 1911, Über japan. und andere Euryalae, p. 16 u. 31.

Station 4983, Sea of Japan, 48° 1′ 35″ N, 140° 10′ 40″ E, 428 fath., green Mud; Temp. 32.7° F.

Fundorte der von den Herren Peter Schmidt und Brashnikow gesammelten Exemplare:

Korea, gegenüber der Broughtonbai und Insel Hodo, 60 Faden, Sand.

Ostküste von Süd-Sachalin, Cap Mramorny, 33—35 Faden, Schlamm.

Ostküste von Süd-Sachalin, 25 Faden, steinig.

Süd-Sachalin, Golf von Aniva, 33 Faden, steinig.

Ochotskisches Meer, Golf von Sachalin, 20 Faden, steinig.

Ochotskisches Meer, Bai von Schantar, 20—30 Faden, steinig.

Von *G. stimpsoni* liegt mir aus den Sammlungen des „Albatroß" nur ein kleines Exemplar von Station 4983 vor mit einem Scheibendurchmesser von 18 mm, zusammen mit dem Arm eines größeren Exemplars. Der innere Hauptstamm bei dem kleineren Exemplar zeigt 6 aufeinanderfolgende Gabelungen, und die Gliederzahl an den aufeinanderfolgenden Armabschnitten beträgt 6; 13, 15, 19, 21 ... Der Rücken der Arme ist rauh und die Unterseite der Arme ist nur mit nackter Haut bedeckt ohne eingelagerte Kalkkörnchen.

In den Sammlungen, die die Herren Peter Schmidt und Brashnikow in den Jahren 1899, 1900 und 1901 aus dem japanischen und ochotskischen Meer, besonders von den Küsten von Sachalin für das Museum von Petersburg mitbrachten, und die mir zur Untersuchung und Bestimmung vorlagen, befanden sich auch eine Anzahl Exemplare des *G. stimpsoni*. Sie ließen sich sämtlich mit Sicherheit unterscheiden von den mir bisher bekannt gewordenen Exemplaren von *G. japonicus* und *G. caryi*, deren Verbreitungsgebiet ebenfalls im nördlichen Pazifik liegt. Die Unterschiede liegen in der besonders rauhen Bekleidung der Scheibe, bei der nicht nur die Rippen, sondern auch die Mitte und die Interkostalräume von Körnchen und Stachelchen bedeckt sind, während bei den beiden genannten Arten die Mitte und die Interkostalräume nackt und glatt bleiben. Auch der Armrücken ist ganz auffallend rauh gegenüber den glatten Armen anderer Arten. Die Gliederzahl des ersten Armabschnitts auf der Scheibe ist bei *G. stimpsoni* stets sehr gering (4—6, ausnahmsweise 7 Glieder), während am nächsten Abschnitt fast die doppelte Zahl erreicht wird. Bei den andren Arten ist die Gliederzahl im ersten Abschnitt fast immer mindestens 8, die des 2. Abschnittes nicht oder nur unbedeutend größer. Und endlich ist die die Unterseite der Arme bedeckende Haut bei *G. stimpsoni* stets frei von Kalkkörnchen, die bei den andren Arten stets in größerer oder geringerer Zahl darin vorhanden sind. In all diesen Merkmalen stimmt das Exemplar von Station 4983 völlig mit den andren mir bekannten überein.

Bei einem Exemplar von *G. stimpsoni* von 45 mm Scheibendurchmesser aus dem Ochotskischen Meer ist die Scheibe kaum eingebuchtet und läßt den wohlentwickelten peripheren Plattenring sehr deutlich erkennen. Die Rippen sind etwas erhöht. Die Mitte der Scheibe ist sehr dicht mit kleineren runden Wärzchen bedeckt, die viel spärlicher auch auf den Interkostalräumen und am Rand der Scheibe vorkommen. Zwischen ihnen ist die nackte Haut sichtbar. Auf den Rippen sind diese Wärzchen größer und höher und treten netzartig zu unregelmäßigen Reihen und Haufen zusammen, die der ganzen Scheibe ein sehr rauhes Aussehen verleihen. Die Unterseite der Scheibe erscheint nackt und glatt; nur in der Mitte der weichen Interbrachialräume finden sich einige runde Wärzchen. Die Madreporenplatte findet sich im adoralen Winkel eines weichen Interbrachialraumes. Der abradiale Rand der Genitalspalten ist stärker gekörnelt. Die Zähne und Zahnpapillen sind ziemlich kurz, meist flach mit abgestutztem Ende, einige der Zahnpapillen enden spitz. Die Mundpapillen sind kurz, kräftig, kegelförmig mit spitzem Ende und nur in ziemlich geringer Zahl vorhanden.

Auf der Rückenseite der Arme treten ebenfalls runde Wärzchen in dichter Menge auf, vielfach zu unregelmäßigen Querreihen vereinigt und geben ihnen ebenfalls ein sehr rauhes Aussehen. Im äußeren Teil der Arme sind sie etwas weniger auffallend, stehen sehr dicht und bilden meist 2 Querreihen auf einem Glied. Am Ende der Arme werden zwischen ihnen die Doppelreihen der Häkchengürtel deutlich. Im proximalen Teil der Arme bleibt zwischen dem rauhen gekörnelten Armrücken und den Tentakelpapillen ein nackter Raum übrig, der in den äußeren Teilen der Arme verschwindet. Die Unterseite der Arme ist völlig nackt ohne Spur von Kalkkörnchen in der Haut.

Die erste Gabelung der Arme findet am Rand der Scheibe statt. Die erste Armtentakel ist etwa gleich weit entfernt vom äußeren Mundwinkel und dem weichen Interbrachialraum. Zwischen ihr und der nächsten Tentakel treten die ersten Tentakelpapillen auf, gewöhnlich zwei nebeneinander. Ihre Zahl steigt rasch auf 3 und 4. An den freien Armgliedern finden sich jederseits 4 oder 5 Tentakelpapillen. Sie sind sehr kräftig, meist von konischer Gestalt und erreichen fast die Länge eines Armgliedes. Von der zweiten Armgabelung an ist nach jeder Gabelung der eine Armabschnitt viel länger als der andre. Vor der ersten Gabelung finden sich in der Regel 5 (4—6) Glieder; im nächsten Armabschnitt steigt diese Zahl beträchtlich, meist auf mindestens das doppelte. Die hakenförmigen Tentakelpapillen am Ende der Arme zeigen unter der Endspitze 3, zuletzt aber nur noch eine Nebenspitze; ebenso besitzen die Gürtelhäkchen noch eine Nebenspitze.

Die Farbe der Alkoholexemplare ist einförmig weißlich.

Bei anderen Exemplaren sind die Zähne und Zahnpapillen schlanker und weniger kräftig.

Bei kleineren Exemplaren (17—34 mm) sind die Warzen im Zentrum der Scheibe, auf den Interkostalräumen und unten auf den weichen Interbrachialräumen manchmal undeutlicher, und diese erscheinen größtenteils nackt. Bei anderen erscheint die Scheibe fast gleichmäßig gekörnelt. Die Rippen treten verhältnismäßig stärker vor als bei großen Exemplaren. Auch findet die erste Armgabelung mehr oder weniger weit von der Scheibe entfernt statt.

Bei einem sehr großen Exemplar von Korea (143 mm Scheibendurchmesser), wohl der größten Ophiure, die bisher bekannt gemacht wurde, erscheinen die Rippen und der Rücken der Arme viel weniger rauh gekörnelt als bei mittelgroßen Exemplaren. Die zerstreut stehenden runden Wärzchen in den Interkostalräumen und auf dem weichen Interbrachialraum sind stets vorhanden, doch werden sie leicht undeutlich. Die zweite Armgabelung findet sich am Rand der Scheibe, während die erste ebenso weit entfernt ist vom Rand wie vom Zentrum. Die Zähne, Zahnpapillen und Mundpapillen gleichen einander; sie sind schlank und spitz und ziemlich kurz, die äußeren Mundpapillen sehr kurz; ihre Zahl ist größer als bei kleineren Exemplaren.

Die genaue Zahl der aufeinanderfolgenden Gabelungen war nicht sicher festzustellen, da die äußere Hälfte aller Arme aufs engste eingerollt war. Bis zur 9. Gabelung hatte ein Arm die Länge von 440 mm vom Rand der Scheibe ab; seine ganze Länge dürfte wenigstens 700 mm erreichen. Diese Euryalide mußte mit ausgestreckten Armen mindestens 1,6 m klaftern.

Die ersten Tentakelpapillen werden undeutlich und sind unter der weichen Haut versteckt, so daß nur einzelne vor der ersten Armgabelung sichtbar werden. An den freien Armabschnitten erreichen sie die halbe Länge eines Armgliedes.

Maßtabelle von *Gorgonocephalus stimpsoni*.

Durchmesser der Scheibe in mm . . .	143	110	45	34	19	9
Zentrum bis erste Tentakel	14	14	9	6	4	2.5
Zentrum bis weicher Interbrachialraum.	21	18	13	7.5	5	2.5
Armbreite vor erster Gabelung . . .	21	16	9	7	5	2.8
Armbreite nach erster Gabelung . . .	13	10	7	4	2.8	2
Zahl der Armglieder vor erster Gabelung	5	4(6)	5—6	4—5	4—5	5
Zahl der Armglieder zwischen erster und zweiter Gabelung	11—14	9—10	7—12	9—10	10	9—11
Zahl der Armglieder zwischen zweiter u. dritter Gabelung	11—32	11—17	6—22	8—15	9—17	

Gorgonocephalus stimpsoni ähnelt unter den mir bekannten Arten dieser Gattung am meisten dem *G. eucnemis*, und zwar den Exemplaren dieser Art, die mir von Labrador vorliegen, und die sich durch die ähnliche rauhe Beschaffenheit des Armrückens auszeichnen, während weiter östlich der Rücken der Arme mehr glatt wird. H. L. Clark vereinigt auf Grund eines sehr reichen Materials aus dem Nordpazifik den *G. stimpsoni* mit *G. japonicus* und *G. caryi* zu einer Art. Mir sind Übergangsformen zu diesen beiden Arten bisher nicht bekannt geworden. Auf jeden Fall wird *G. stimpsoni* als charakteristische Lokalform des nördlichen Pazifik mindestens als Unterart bestehen bleiben müssen.

Gorgonocephalus chilensis (Philippi).

Astrophyton chilense Philippi 1858, Arch. f. Naturg., p. 268.
Astrophyton pourtalesi Lyman 1875, Ill. Catal. Mus. Comp. Zool., Nr. 8. p. 28, Taf 4, Fig. 41—43.
Astrophyton lymani Bell 1881, Proc. Zool. Soc. London, p. 99.
Gorgonocephalus chilensis Döderlein 1911, Japan. u. a. Euryalae, p. 30, Taf. 5, Fig. 5; Taf. 8, Fig. 1, 1a.
Gorgonocephalus chilensis novae-zealandiae Mortensen 1922, p. 109, Taf. 4, Fig. 1.
Gorgonocephalus chilensis Koehler 1923 (Swedish Exp.), p. 101, Taf. 14, Fig. 1.

Station 2770. Patagonien, 48° 37' S, 65° 46' W, 58 fath.

Die ganze Oberseite der Scheibe ist bei allen drei Exemplaren, die mir vorliegen, von sehr locker stehenden runden Wärzchen bedeckt, die nur auf den Rippen und an der Peripherie sehr dicht stehen. Der weiche Interbrachialraum trägt wenige Wärzchen oder ist ganz nackt. Der aborale Rand der Genitalspalten ist bei einem Exemplar gekörnelt, bei den andern glatt. Der Rücken der Arme trägt eine feine dichte Körnelung, ihre Unterseite erscheint ganz nackt, die Haut ist aber durchsetzt von locker stehenden feinen Körnchen.

Durchmesser der Scheibe in mm . .	29	35	35
Höhe der Scheibe	14	16	15
Zentrum bis weicher Interbrachialraum .	7	7.5	8
Zentrum bis erste Tentakel . . .	5.5	7	7
Länge einer Genitalspalte . . .	3.4	5	5.5
Armbreite vor erster Gabelung . .	6.3	6.5	6
Armbreite nach erster Gabelung . .	3.5	4.5	5
Zahl der Armglieder vor erster Gabelung .	8—12	7—8	9—11
Zahl der Armglieder vor zweiter Gabelung	8	7—8	8
Zahl der Armglieder vor dritter Gabelung	19	12—14	12

Die Zahl der Glieder an den aufeinanderfolgenden Abschnitten eines inneren Hauptstammes beträgt: 7; 8, 13, 13, 16, 13 . . . .

Bei dem weitverbreiteten subantarktischen *Gorgonocephalus chilensis*, der nördlich bis in die Gewässer bei Chile und den Falklands-Inseln, bis zum Capland und bis Neu-Seeland vorkommt, ist die Dorsalseite der Scheibe in mannigfaltiger Weise von kleinen Wärzchen bedeckt. Sie können gleichmäßig über die ganze Dorsalfläche zerstreut in größerer oder geringerer Anzahl sich zeigen (Döderlein 1911, Taf. 5, Fig. 5; Taf. 8, Fig. 1) oder wie bei den mir jetzt vorliegenden Exemplaren von Patagonien dichter gedrängt auf den Rippen, sehr locker auf der übrigen Scheibe stehen; auf ein derartiges Exemplar gründete Mortensen 1922, Taf. 4, Fig. 1 seine Subspecies *novae-zealandiae*; Koehler 1923, Taf. 14, Fig. 1 macht uns mit Formen bekannt, wo die dicht gedrängt stehenden Körnchen auf den Rippen eine stachelartige Form annahmen und der ganzen Scheibe ein auffallend rauhes Aussehen verleihen. Jedenfalls scheint in dieser Richtung eine sehr große Variabilität zu herrschen, ohne daß es angezeigt sein dürfte, daraufhin Unterarten oder Lokalformen anzunehmen und zu benennen. Eine solche Benennung erweckt die Ansicht, daß derartige besonders stark oder besonders schwach bestachelte Exemplare eine zusammengehörige, für eine bestimmte Lokalität charakteristische Gruppe bilden, während sich bei einer so variablen Art in den verschiedensten Gegenden, wo die Art verbreitet ist, derartige Individuen unabhängig voneinander ausbilden können.

Gattung **Astracme** nov. genus.

Astracme mucronata (Lyman).

Astrophyton mucronatum Lyman 1869, Bull. Mus. Comp. Zool., Vol. 1, p. 348.
Gorgonocephalus mucronatus Lyman 1882, Challenger-Ophiur., p. 265.
Astrospartus mucronatus Döderlein 1911, Japan. u. a. Euryalae, p. 73, Taf. 9, Fig. 1,1a.

In meiner früheren Abhandlung (1911, p. 73) hatte ich den westindischen *Astrophyton mucronatum* in die gleiche Gattung *Astrospartus* gestellt wie die Mittelmeer-Art *A. mediterraneus*. Es ist in der Tat kaum zweifelhaft, daß diese beiden Arten näher miteinander verwandt sind als mit irgend einer anderen der bekannten Arten von *Gorgonocephalidae*. Der kraterartig vertieft liegende Mund, der durch eine ringförmige Furche von dem äußeren Teil des harten Mundfeldes getrennt ist, und vor allem die Lage der Madreporenplatte, die durch das Dazwischentreten von akzessorischen Plättchen vom Rande des weichen Interbrachialraumes getrennt ist, sind so eigentümliche Charaktere, daß daraus auf eine nahe Verwandtschaft der beiden Arten geschlossen werden muß.

Nun zeigt aber *A. mucronatus* eine Reihe von primitiven Merkmalen, die *A. mediterraneus* nicht mehr besitzt. Vor allem zeigt sich das an den Tentakelpapillen, die bei *A. mediterraneus* die Scheibe schon verlassen haben, während sie bei *A. mucronatus* wie bei den ursprünglichen Formen noch von der 2. Tentakel an vorhanden sind, wenn auch nur als winzige Gebilde. Sodann ist die auffallende grobe Bewaffnung von Scheibe und Armen mit großen kegelförmigen Stacheln ein Merkmal, das unverkennbar an eine der ursprünglichsten Formen unter den verzweigten Gorgonocephaliden erinnert, nämlich an den australischen *Astroconus*, mit dem *A. mucronatus* tatsächlich eine überraschende äußere Ähnlichkeit hat. Auch die deutlichen Reste eines äußeren Plattengürtels an der Scheibe, der durch einige Stacheln angedeutet wird, weisen auf sehr ursprüngliche Verhältnisse hin. Dem gegenüber hat *A. mediterraneus* die Bestachelung von Scheibe und Armen ganz eingebüßt, und auch von dem peripheren Plattengürtel ist keine Spur mehr vorhanden.

Ich glaube aus diesen Verhältnissen den Schluß ziehen zu können, daß *A. mucronatus* als ein Abkömmling von *Astroconus* anzusehen ist, der durch Ausbildung von akzessorischen Platten am Rande des Mundfeldes von der ursprünglichen Form sich entfernt hat. Diese [akzessorischen Platten umschließen aber die Madreporenplatte von außen, während sie bei einer anderen Entwicklungsreihe, die zunächst zu *Gorgonocephalus* führt, sich zwischen die Madreporenplatte und die Seitenmundschilder eindrängten. Aus der dadurch entstandenen Form, die durch *A. mucronatus* dargestellt wird, hat sich dann durch den Rückzug der Tentakelpapillen von der Scheibe und durch den Abbau der starken Bewaffnung von Scheibe und Armen die Gattung *Astrospartus* herausgebildet, die gegenwärtig nur durch *A. mediterraneus* dargestellt wird.

Für das Entwicklungsstadium, das durch *A. mucronatus* vertreten ist, möchte ich den Gattungsnamen **Astracme** nov. genus verwenden (ἡ ἄκμη die Spitze).

Astrodendrum sagaminum Döderlein.

Gorgonocephalus sagaminus Döderlein 1902, Zool. Anz., Bd. 25, p. 321.
Astrodendrum sagaminum Döderlein 1911, Japan. u. andre Euryalae, p. 38 und 71, Taf. 2, Fig. 3—5; Taf. 7, Fig. 8; Taf. 8, Fig. 6, 6a.

Station 3716. Osezaki, Japan, 65—125 fath., Volc. sand, shells, rocks.

Diese nur von Japan aus Tiefen von 90—323 m bekannte Art liegt in zwei kleineren Exemplaren von 22 mm Scheibendurchmesser vor.

Astrodendrum pustulatum H. L. Clark.
Taf. 1, Fig. 5, 6—6a.

Astrodendrum pustulatum H. L. Clark 1916, Report on the See-Lilies . . . obtained by the „Endeavour", p. 84, Taf. 34, Fig. 1—2.

Station 5298. China See, bei Süd-Luzon, Matocot Pt.; 13⁰ 43' 25" N., 120⁰ 57' 40" E.; 140 fath., Sand.
Station 5475. Ostküste von Luzon, S. Bernardino Lt.; 12⁰ 55' 26" N., 124⁰ 22' 12" E.; 195 fath., feiner Sand; Temp. 59.3⁰ F.
Station 5504. Nord-Mindanao, Macabalan Pt.; 8⁰ 35' 30" N., 124⁰ 36' E.; 200 fath.; Temp. 54.3⁰ F.

Während bei sämtlichen kleineren Exemplaren des japanischen *Astrodendrum sagaminum*, die ich kenne, der Rücken der Scheibe ziemlich dicht und fast ganz gleichmäßig mit sehr kleinen spitzen Körnchen von gleicher Größe bedeckt ist und ebenso der weiche Interbrachialraum, auf dem diese Körnchen nur lockerer stehen, zeigen einige Exemplare von den Philippinen stumpfe vorragende Höckerchen sehr ungleichmäßig über die Scheibe verteilt und von verschiedener Größe. Bei einem Exemplar stehen diese Höckerchen äußerst spärlich auf der Scheibe, bei einem andren stehen sie sehr dicht, besonders auf den Rippen. In den interradiären Feldern kann die Scheibe manchmal fast nackt sein; ähnlich verhalten sich die weichen Interbrachialräume; die Zahl der vorragenden Höckerchen ist sehr ungleich bei den verschiedenen Exemplaren. Im übrigen ist kein Unterschied von der japanischen Form zu finden. Die vorliegenden Exemplare haben einen Scheibendurchmesser von 21—26 mm. Ich vermute, daß diese Art identisch ist mit *A. pustulosum* H. L. Clark aus der Baßstraße.

Astrocladus ludwigi Döderlein.
Taf. 3, Fig. 3—3 b.

Euryale ludwigi Döderlein 1896, Jenaische Denkschr., Bd. 8, p. 299, Taf. 17, Fig. 28—28 c.
Astrocladus ludwigi Döderlein 1911, Japanische und andre Euryalae, p. 40, Fig. 8.

Station 5138. Jolo Lt., 6^0 06' N, 120^0 58' 50" E, 19 fath., Sand, Corals.
Station 5164. Sulu Archipel, Tawi-Tawi-Group, Observation Id., 5^0 01' 40" N, 119^0 52' 20" E, 18 fath., green Mud.

Der Typus dieser Art stammte von Amboina und war ein sehr jugendliches Exemplar von nur 6 mm Scheibendurchmesser. Das größte der vom Sulu-Archipel stammenden Exemplare des „Albatroß" hat 22 mm Scheibendurchmesser; der innere Hauptstamm zeigt 23 aufeinanderfolgende Gabelungen, der äußere deren nur 10.

Die Gliederzahl der aufeinanderfolgenden Armabschnitte ist folgende:

$$5—6; 4—5 \begin{cases} 6, 7, 7, 8, 7, 9, 8, 8, 8, 9, 9, 9, 10, 10, 9, 9, 9 + 4. — \\ 5, 5, 5, 7, 6, 8 + 4. — \end{cases}$$

Ein kleineres Exemplar von 12 mm Scheibendurchmesser zeigt am inneren Hauptstamm 16 aufeinanderfolgende Gabelungen, am äußeren Hauptstamm deren 10. Die Gliederzahl der aufeinanderfolgenden Armabschnitte ist folgende:

$$5; 4 \begin{cases} 5, 6, 6, 6, 6, 6, 7, 8 + 6. — \\ 4, 5, 6, 6, 6 + 2. — \end{cases}$$

Bei dem Exemplar von 22 mm Scheibendurchmesser treten nach der dritten Gabelung am inneren Hauptstamm je zwei kleine Tentakelpapillen auf, am äußeren Hauptstamm nach der zweiten Gabelung. Bei den kleineren Exemplaren finden sich die ersten Tentakelpapillen schon früher.

Die feine Körnelung auf Scheibe und Armen besteht bei *A. ludwigi* ausschließlich aus kleinen, ganz flachen Plättchen, die ein glattes Pflaster bilden. Das ist ebenso bei *Astrocladus euryale* der Fall, während bei allen andren Arten der Gattung diese kleinen Körnchen zum Teil Höcker oder Kegel bilden, öfter selbst bedornt sind, sodaß wenigstens auf einigen Teilen der Scheibe oder der Arme die Oberfläche sehr uneben erscheint.

Die Scheibe von *A. ludwigi* kann auf der Oberseite sowohl im Zentrum wie auf den ziemlich schmalen parallel verlaufenden Rippen und zwischen den Rippen, ferner auf den weichen Interbrachialräumen wenige größere, vereinzelt stehende, sehr flache Warzen tragen, die manchmal aus mehreren Teilen zusammengesetzt erscheinen.

Bei den kleineren Exemplaren von *A. ludwigi* (bis 12 mm Scheibendurchmesser) sind kaum Spuren von akzessorischen Plättchen außerhalb der großen Seitenmundschilder zu erkennen, und nur das größte Exemplar von 22 mm zeigt einen schmalen Saum von solchen Plättchen. Bei gleich großen Exemplaren von *Astrocladus cöniferus, exiguus* und *dofleini* zeigt sich dagegen schon ein breites Feld von akzessorischen Plättchen außerhalb der ziemlich unbedeutenden Seitenmundschilder, und auf dem Außenrand eines dieser Felder sitzt die Madreporenplatte, die kaum in den weichen Interbrachialraum vorspringt, während sie bei *A. ludwigi* nur an den harten Außenrand angrenzt, aber weit in den weichen Interbrachialraum vorspringt.

A. euryale dürfte sich auch in der schwachen Entwicklung der akzessorischen Platten an *A. ludwigi* anschließen; wenigstens sind sie hier bei großen Exemplaren von viel geringerer Ausdehnung als bei den andren Arten, und es ist zu erwarten, daß junge Exemplare, die mir bisher noch nicht vorgelegen sind, sich in dieser Beziehung ähnlich verhalten wie *A. ludwigi*.

Die Zähne und Zahnpapillen sind lang und lanzettförmig; kleine Mundpapillen, drei bis vier jederseits, sind bis zum Ende der Mundspalten deutlich. Die Bursalspalten sind bei dem größeren Exemplar sehr klein, etwa 1 mm lang und liegen neben dem ersten Glied nach der ersten Armgabelung.

Bei dem größten mir vorliegenden Exemplar von *A. ludwigi* erhebt sich auf der Oberfläche von jedem der fünf Kiefer in der Mitte ein großer flacher, fast kreisrunder Buckel, von einem schmalen, dunkelgefärbten Saum umgeben; auch die Grenze zwischen dem Kiefer und den Seitenmundschildern ist durch eine dunkle Linie markiert. Diese Zeichnung sowie der Buckel auf den Kiefern fehlt den kleineren Exemplaren.

Die Arme sind glatt, mit kleinen, flachen polyedrischen Plättchen bedeckt, die Häckchengürtel sind vom Ursprung der Arme an vollständig und sehr deutlich wie gewöhnlich bei jugendlichen Exemplaren.

Astrocladus exiguus Lamarck.
Taf. 5, Fig. 9.

Euryale exiguum Lamarck 1816, Hist. nat. Anim. s. vert., Vol. 2, p. 539.
Gorgonocephalus cornutus Koehler 1898, Ann. Sc. nat., 8. Sér., Zool., Taf. 4, p. 368, Taf. 9, Fig. 80—81.
Astrocladus exiguus Döderlein 1911, Japan. und andre Euryalae, p. 41, 76 und 106, Taf. 9, Fig. 6.

Station 5153. Sulu-Archipel, Tocanhi Pt., 5⁰ 18′ 10″ N, 120⁰ 2′ 55″ E, 49 fath., Coral Sand, Shells.
Station 5174. Jolo Lt., 6⁰ 03′ 45″ N, 120⁰ 57′ E, 20 fath., coarse Sand.

Die beiden vorliegenden Exemplare sind nur von geringer Größe, mit einem Scheibendurchmesser von 15 mm, bezw. 10 mm. Jede Rippe trägt am äußeren Ende einen großen kegelförmigen Höcker. Das kleinere Exemplar zeigt zwölf anfeinanderfolgende Gabelungen. Jedes zusammengehörige Rippenpaar schließt zwischen sich noch eine sehr kleine, aber deutliche runde Warze ein. Ebensolche kleine Warzen finden sich in geringer Zahl auf den Armen.

Die Art war bisher bekannt von den Andamanen, Timor, Philippinen, Sulu-See, Arafura-See, Formosastraße; 18—494 m.

Astrocladus dofleini Döderlein.
Taf. 3, Fig. 2—2a.

Astrocladus dofleini Döderlein 1911, Japan. und andre Euryalae, p. 41 und 106, Taf. 2, Fig. 6; Taf. 3, Fig. 1—4; Taf. 4, Fig. 4, 5; Taf. 7, Fig. 15.

Station 5483. Zwischen Samar und Leyte; Cabugan Grande Island; 10° 27′ 30″ N, 125° 19′ 15″ E.; 74 fath., Sand, broken Shells.

Das einzige mir vorliegende Exemplar, dessen Scheibenrücken trichterförmig eingesunken ist, ist von bedeutender Größe und ähnelt verschiedenen mir bekannten Exemplaren von Japan in hohem Maße. Die großen Höcker der Scheibe sind zum Teil etwas kegelförmig, am äußeren Ende der Rippen am größten; die weichen Interbrachialräume zeigen einige größere Warzen. Auffallend ist bei dem vorliegenden Exemplar das besonders ausgedehnte feste Mundskelett, das umfangreiche interradiäre Felder darstellt; ihr äußerer die weichen Interbrachialräume begrenzender Rand nimmt die Hälfte des interradiären Scheibenradius in Anspruch, während er bei den japanischen Exemplaren zumeist nicht so weit nach außen reicht. Doch fand ich unter den großen Exemplaren von Japan einzelne, bei denen der feste Rand des Mundskelettes nahezu so weit nach außen reicht wie bei dem vorliegenden Exemplar. Die Ausdehnung des in seinen äußeren Teilen hauptsächlich von den akzessorischen Plättchen gebildeten festen Mundskelettes ist ja sehr variabel; bei jungen Individuen ist es von geringer Größe und wird infolge der im Lauf des Wachstums immer reichlicher auftretenden akzessorischen Platten immer umfangreicher. Es wäre nun möglich, daß bei den Exemplaren von den Philippinen ganz allgemein das Wachstum dieses festen interbrachialen Feldes raschere Fortschritte macht als bei japanischen Exemplaren, so daß sie als besondere Lokalform von den japanischen sich unterscheiden lassen, doch ist es nicht möglich auf Grund eines einzelnen Exemplars diese Frage zu entscheiden.

Das Exemplar von den Philippinen zeigt bei einem Scheibendurchmesser von 82 mm einen radiären Scheibenradius (Zentrum bis Ende der Radialschilder) von 52 mm, während die Entfernung des weichen Interbrachialfeldes vom Zentrum 23 mm, die des interbrachialen Scheibenrandes vom Zentrum 44 mm beträgt. Bei einem Exemplar von Japan mit 66 mm Scheibendurchmesser und 32 mm Scheibenradius ist der Interbrachialraum 15—16 mm vom Zentrum entfernt.

Bei diesem Exemplar ist auf der Scheibe und am Anfang der freien Arme jedes einzelne Armglied als seichte Grube in der sonst ebenen Unterseite angedeutet; die Grube reicht beiderseits so weit, daß sie auf der Scheibe auch noch die kleinen, hier meist ganz verkümmerten Tentakelporen umfaßt. Nach den ersten Gabelungen sind die Gruben in der Mitte getrennt. Diese Skulptur der Unterseite ist auch bei den älteren Exemplaren von *A. dofleini* von Japan zu erkennen, ebenso bei der nahe verwandten, hier neu beschriebenen *Astroplegma expansum* und in viel ausgeprägterer Weise bei größeren Exemplaren von *Astrodactylus sculptus*. Wo auf den freien Armteilen Tentakeln auftreten, liegen sie außerhalb der Gruben. Der innere Hauptstamm dieses Exemplars zeigt 30 Gabelungen, der äußere deren 14.

	Astrocladus dofleini Japan				Astroplegma expansum Philippinen		A. euryale Cap. d. g. H.		A. ludwigi
					5483	5485			
Durchmesser der Scheibe . . .	66	74	80	104	82	77	61	77	22
Zentrum bis weicher Interbrachialraum	15—16	17	13	20—24	23	28—30	13.5	18	5.5
Zentrum bis erste Gabelung . .	30—33	37	23	42—46	46	34	34	40	12
Zentrum bis erste Tentakel . .	11	13	12	15	15	13	11	10	4.7
Armbreite vor erster Gabelung . .	13	14.5	18	27	21	22—26	10.5	13.5	5.3
Länge der Genitalspalten . . .	9	9		14	12	9.5	9	11	1

Gattung **Astroplegma** nov. genus.

Astroplegma expansum nov. sp.

Taf, 3, Fig. 1—1 b

Station 5485. Between Samar and Leyte, Cabugan Grande Id; 10° 22′ 15″ N, 125° 22′ 30″ E; 103 fath., green Mud.

Die Oberseite der Scheibe ist ganz wie bei *Astrocladus dofleini* dicht bedeckt mit sehr kleinen, meist flachen Wärzchen, zwischen denen eine geringere Anzahl mehr oder weniger kegelförmig ausgebildeter sich finden, die mit einem Dorn enden können; aus dieser Körnelung heben sich eine Anzahl größerer runder Warzen hervor von sehr verschiedenem Umfang, deren größte sich am Ende der Rippen finden. Den weichen Interbrachialräumen fehlen die größeren Warzen ganz. Die Unterseite der Scheibe erscheint zunächst nackt und glatt, erweist sich aber mit einem Pflaster feiner polygonaler Täfelchen bedeckt.

Der äußere aus den akzessorischen Plättchen gebildete Teil des festen Mundskeletts erstreckt sich auffallend weit nach außen und bildet umfangreiche interbrachiale Felder zwischen den Kiefern und dem weichen Interbrachialraum, und mitten in einem dieser Felder, weiter entfernt von dessen Außenrand als von den Kiefern, findet sich die einzige runde Madreporenplatte.

Die Bewaffnung der Kiefer besteht aus sehr feinen kurzen Stacheln, erinnert aber sonst durchaus an *A. dofleini.*

Der Raum zwischen den beiden Tentakelporen jedes Armglieds auf der Scheibe und bis zur dritten Armgabelung erscheint etwas eingesenkt gegenüber der übrigen sonst ziemlich ebenen Unterseite der Scheibe und dem wallartig erhöhten Außenrand der Arme. So entsteht eine Reihenfolge von seichten Gruben am proximalen Teil der Arme, die mit dem ersten Armglied nahe dem Mundwinkel beginnt. Die einzelnen Gruben sind durch schmale wallartige Querkommissuren von einander getrennt, die intervertebral liegen. Von der dritten Gabelung an bleibt die Unterseite der Arme eben. So entsteht eine ähnliche Skulptur der Unterseite, wie sie in viel ausgesprochenerer Weise bei *Astroglymma sculptum* vorhanden ist, wie sie aber auch bei einzelnen Exemplaren von *Astrocladus dofleini* angedeutet sein kann.

Die Arme zeigen oben ein Pflaster von warzenförmigen Plättchen verschiedener Größe, in dem einzelne größere runde Warzen auftreten. Weiter außen werden an den schlanken Ästen die Plättchen flacher, in vier bis sechs unregelmäßigen Querreihen zwischen je zwei Häkchengürteln; an den plumpen Ästen bleiben sie höckerig mit höchstens je vier Querreihen. Die Unterseite der Arme ist mit kleinen flachen Plättchen gepflastert. Der ganze Bau der Arme erinnert sehr an *A. dofleini*.

Ober- wie Unterseite ist bei dieser Art hell mit dunkleren Flecken, die auf den Armen gern als Querbinden auftreten.

Durchmesser der Scheibe	77 mm
Zentrum bis Ende der Radialschilder	37 „
Zentrum bis weicher Interbrachialraum	28—30 „
Zentrum bis erste Gabelung	34 „
Zentrum bis erste Tentakel	13 „
Armbreite vor erster Gabelung	22—26 „
Breite eines weichen Interbrachialraumes	16—19 „
Länge einer Genitalspalte	9,5 „
Entfernung der Madreporenplatte vom Mundwinkel . . .	10 „
Durchmesser der Madreporenplatte	3.8 „
Entfernung der Madreporenplatte vom weichen Interbrachialraum .	11 „

Der innere Hauptstamm der Arme zeigt 26 aufeinanderfolgende Gabelungen, der äußere Hauptstamm deren 14. Die Gliederzahl der ersten Armabschnitte beträgt: 6; 6, 6, 7, 7 . . . . oder 6; 5, 6 . . . .

Die akzessorischen Platten in den Interbrachialräumen reichen bis zur ersten oder zweiten Armgabelung (in einem unnormal ausgebildeten Interbrachialraum nur bis zur zweiten Tentakel). Nach der zweiten Armgabelung erscheinen die ersten noch winzigen Tentakelpapillen, sehr bald daneben auch einzelne Gürtelhäkchen, weit außen aber erst vollständige Häkchengürtel.

––––––––––

Die vorliegende Form ist anzusehen als ein *Astrocladus dofleini* mit außergewöhnlich üppig entwickelten akzessorischen Platten; infolge davon ist der Außenrand des interbrachialen Teiles des festen Mundskeletts weit nach außen verschoben und seine Entfernung vom Zentrum beträgt beträchtlich mehr als die Hälfte des Scheibenradius. Dazu kommt als weitere sehr bemerkenswerte Eigentümlichkeit, daß die Madreporenplatte nicht wie gewöhnlich an den Außenrand der akzessorischen Platten verschoben ist, sondern ihre ursprüngliche Lage am Außenrand der Seitenmundschilder behalten hat, von den akzessorischen Platten eingeschlossen und durch sie weit vom weichen Interbrachialraum getrennt ist. Dies war bisher unter allen Gorgonocephalidae nur bei der Gattung *Astrospartus* bekannt; von dieser Gattung ist die vorliegende Form aber durch die große Ausdehnung des festen Mundskeletts und durch das Fehlen der ringförmigen Einsenkung des Mundfeldes außerhalb der Kiefer wohl unterschieden; denn das Mundfeld ist hier fast ganz eben. Auch zeigt die neue Gattung den Dimorphismus der letzten Armverzweigungen in ausgesprochener Weise, der bei *Astrospartus* noch kaum angedeutet ist.

Die neue Gattung schließt sich durch die mächtige Entwicklung des interbrachialen Mundskeletts nahe an das einzige Exemplar von *Astrocladus dofleini* an, das mir von den Philippinen bekannt ist (s. p. 35), und es erhebt sich jetzt die interessante Frage, ob die eigentümliche Lage der Madreporenplatte ein konstantes Merkmal einer besonderen Art ist, die dadurch als besondere Gattung **Astroplegma** (τὸ πλέγμα das Geflecht) von *Astrocladus* zu trennen ist, oder ob es sich vielleicht nur um ein abnormes Individuum handelt, bei dem die akzessorischen Platten aus irgend einem Grunde verhindert wurden sich zwischen die Madreporenplatte und die Seitenmundschilder zu schieben. Die endgültige Entscheidung dieser Frage ist nur auf Grund eines größeren Materials dieser Formen zu erwarten.

Bestimmungsschlüssel für die Arten von Astroboa.

Madreporenplatte auf dem festen Außenrand des Mundfeldes ragt wenig in den weichen Interbrachialraum vor. Scheibe und Arme gleichmäßig mit halbkugeligen Körnchen bedeckt; Häckchengürtel mangelhaft 1

Madreporenplatte liegt im inneren Winkel eines Interbrachialraums außerhalb des festen Randes 2

1 Auf Scheibe und Armen stehen zwischen größeren halbkugeligen Körnchen viele kleinere . . . *A. globifera* Död.

Auf Scheibe und Armen nur gleichgroße Körnchen gleichmäßig dicht stehend (3—4 = 1 mm) . *A. albatrossi* nov. sp. (p. 41)

2 Arme mit Körnchen und flachen Täfelchen ungleichmäßig bedeckt; Körnchen der Scheibe z. T. bestachelt *A. clavata* Lym. (p. 38)

Arme gleichmäßig gekörnelt oder getäfelt 3

3 Häkchengürtel auf die äußersten Armteile beschränkt . . 4

Vollständige Häkchengürtel beginnen schon nahe der Scheibe; Arme fein getäfelt, glatt 5

4 Arme sehr fein und dicht gekörnelt mit Körnchen verschiedener Größe . . . . *A. arctos* Mats.

Arme gleichmäßig dicht mit gleichgroßen Wärzchen bedeckt (4 = 1 mm). . . . . . *A. ernae* Död.

5 Arme mit schmaler dunkler Rückenlinie, an den Gliedergrenzen unterbrochen, und mit ähnlicher Seitenlinie; Scheibe oft gefleckt; hell bis tiefschwarz . . . *A. nuda* Lym. (p. 43)

Die drei jede Armgabel bildenden Glieder sind mindestens oben schwärzlich gefärbt; Scheibe und Arme oben und unten gefleckt . . . . . *A. nigrofurcata* nov. sp. (p. 45)

Astroboa clavata (Lyman)
Taf. 5, Fig. 5 u. 6

Astrophyton clavatum Lyman 1861, Proc. Boston Soc. Nat. Hist., Vol. 8, p. 85.
Astroboa clavata Döderlein 1911, Japan. u. a. Euryalae, p. 80 u. 107, Taf. 5, Fig. 6, 6 a (Literatur).
Seychellen, coll. A. Brauer.

Die Schilderung dieser Art ist in meiner Arbeit „Über japanische und andere Euryalae" insofern nicht vollständig, als die äußerst charakteristische Bedeckung der Arme nicht näher beschrieben wurde. Gerade sie bietet aber die auffallendsten Unterschiede gegenüber den übrigen Arten der Gattung, speziell gegenüber *A. nuda* (Taf. 5, Fig. 4) und *A. ernae* (Taf. 5, Fig. 3). Bei diesen trägt die Oberseite der Arme ein ziemlich gleichmäßiges Pflaster von kleinen gewölbten oder flachen Plättchen; sie können von verschiedener Größe sein, bieten aber ein durchaus gleichartiges Aussehen.

Bei Astroboa clavata hingegen zeigt die Oberseite der Arme, wenigstens in ihrem proximalen Teil, einzelne größere ganz flache Platten, umgeben von einem Netz von kleineren, mehr oder weniger stark gewölbten Plättchen, die sogar Spuren einer Spitze zeigen können. Die großen flachen Platten, die meist eine querovale Gestalt haben, scheinen vertieft zu liegen gegenüber den übrigen runden oder polyedrischen Plättchen, zwischen denen sie isolierte Inseln bilden, die meist dunkel gefärbt sind gegenüber ihrer heller gefärbten Umgebung. Mitunter erscheinen diese flachen dunklen Inseln aus mehreren Plättchen zusammengesetzt. Alle diese Plättchen sind von sehr verschiedener Größe.

Diese Armbedeckung wird auf jedem Armglied unterbrochen durch den schmalen, sehr deutlich sich abhebenden, ununterbrochenen doppelreihigen Ring der kleinen die Gürtelhäkchen tragenden Plättchen.

An einer Anzahl von jugendlichen Exemplaren ließen sich Beobachtungen machen über auffallende Veränderungen im Aussehen der Oberfläche von Scheibe und Armen, die im Laufe des Wachstums auftreten.

Bei einem Exemplar von 4 mm Scheibendurchmesser erscheint die ganze Oberseite der Scheibe sehr höckerig. Sehr deutlich sind fünf Paare von größeren Radialschildern zu sehen wie bei vielen Ophiuren. Deren Oberfläche trägt nur wenige ganz vereinzelt stehende kleine Körnchen. Etwas exzentrisch liegt in der Mitte der Scheibe eine gewölbte große rundliche Zentralplatte, etwas kleiner als eines der Radialschilder; dazwischen zeigen sich, an den Innenrand der Radialschilder zum Teil anstoßend, zum Teil von ihnen etwas getrennt, acht bis zehn größere Platten von sehr verschiedener Größe und Form. Die größte ist so groß wie die Zentralplatte, die kleinsten haben etwa den vierten Teil dieser Größe. Die größeren sind wenig gewölbt, die kleineren sehr stark gewölbt bis kegelförmig. Die Zwischenräume zwischen all diesen Platten sind ausgefüllt von rundlichen Körnchen sehr verschiedener Größe, deren kleinste flach sind, während die großen kegelförmig werden und zum Teil in einer oder mehreren kurzen Spitzen enden; sie erstrecken sich auf die Unterseite bis zum oberen Rand des Interbrachialraums, der selbst das Aussehen der übrigen Unterseite hat und wie diese dicht bedeckt ist mit kleinen rundlichen wenig gewölbten Plättchen von gleicher Größe. Solche Plättchen bedecken auch die Unterseite der Arme, wo sie etwa sechs bis acht ganz unregelmäßige Querreihen auf jedem Gliede bilden. Weiter nach außen an den Armen stehen sie etwas lockerer, so daß nackte Haut zwischen ihnen erscheint, und an den äußersten Verzweigungen fehlen sie auf den Seitenplatten und an den Seiten der Arme fast ganz.

Die Oberseite der Arme zeigt regelmäßige, vollständige, doppelreihige Häkchengürtel vom ersten Glied an. Der Zwischenraum zwischen je zwei Gürteln ist an der Basis der Arme drei bis viermal so breit wie ein Häkchengürtel selbst, am Ende der Arme, wo die Häkchengürtel kranzartig stark vorspringen, ebenso breit wie diese. Diese Zwischenräume sind mit rundlichen flachen Plättchen von fast gleicher Größe bedeckt, wie sie auch die ganze Unterseite bedecken. Sie bilden am Anfang der Arme fünf bis sechs unregelmäßige Querreihen, weiter außen nur noch zwei bis drei und fehlen an den äußersten dünnen Zweigen fast ganz. An einigen Armen erscheinen auf den zwei ersten Armgliedern zwischen den kleinen runden Plättchen einzelne größere polygonale und flache Plättchen, die aber wenig auffallend sind.

Bei einem Exemplar von 5 mm Scheibendurchmesser sind die Radialschilder der Scheibe zur Hälfte verdeckt von flachen Körnchen. Auf dem Rücken der Arme zeigen sich fast auf jedem Gliede der ersten drei Armabschnitte eine oder mehrere größere ganz flache Platten zwischen den schon etwas gewölbten kleinen Plättchen, so daß die großen Platten etwas vertieft zu liegen scheinen. Diese sind gewöhnlich auch dunkler gefärbt.

Bei einem Exemplar von 6 mm Scheibendurchmesser erscheinen die Radialplatten ganz von konischen Körnchen verdeckt. Nur eine Zentralplatte ist noch deutlich zu erkennen. Die ganze Scheibe ist nunmehr von kleinen gewölbten, meist konischen Körnchen bedeckt, die mit einer oder mehreren Spitzen enden. Sehr große kegelförmige Höcker liegen zu zweien oder dreien zwischen je zwei Radialplatten, den fünf Radien entsprechend. Ziemlich groß sind auch die kegelförmigen Höcker, die den Rand der Scheibe begrenzen. Auf der Oberseite der Arme sind die großen flachen Platten in einiger Anzahl deutlich erkennbar zwischen den sie umgebenden kleinen gewölbten Plättchen.

Bei einem Exemplar von 8 mm Scheibendurchmesser sind Radialplatten fast völlig verdeckt. Innerhalb von ihnen liegen einige größere rundliche Platten, auf denen sich eine oder mehrere kegelförmige Dornen erheben. Die übrige Scheibe zeigt neben kleinen gewölbten Plättchen zahlreiche größere kegelförmige mit einer oder mehreren Spitzen. Die großen flachen Platten auf dem Rücken der Arme sind in größerer Anzahl sehr deutlich und dunkel gefärbt.

Bei einem Exemplar von 23 mm Scheibendurchmesser ist die Unterseite der Scheibe mit ganz flachen rundlichen bis polyedrischen Plättchen bedeckt; auf den Interbrachialräumen stehen sie locker, und zwischen ihnen finden sich eine Anzahl kegelförmiger Körnchen mit Spitzen. Auf der Oberseite der Scheibe sind zwei bis drei größere flache oder gewölbte Platten in der Mitte der Scheibe noch erkennbar, doch nicht auffallend. Sonst ist die ganze Oberseite mit kleinen gewölbten Körnchen bedeckt, zwischen denen zahlreiche ein- oder mehrspitzige größere Höckerchen zerstreut sind. Auf dem Rücken der Arme sind Häkchengürtel noch vollständig, erreichen aber in der Nähe der Scheibe die Tentakel nicht mehr. Auf jedem Glied sind eine Anzahl flacher dunkel gefärbter Platten zwischen dem Netz von helleren kleinen rundlichen gewölbten Plättchen deutlich erkennbar, verschwinden aber allmählich an den äußeren Verzweigungen. Zwischen je zwei Häkchengürteln liegen sechs bis acht sehr unregelmäßige Querreihen von Plättchen.

Bei einem Exemplar von 34 mm Scheibendurchmesser sind die Häkchengürtel an den Seiten der Arme öfter unterbrochen, nahe der Scheibe auch auf dem Rücken der Arme. Die flachen dunklen polygonalen Platten sind sehr zahlreich auf dem Rücken und den Seiten der Arme.

Über den Bau der Arme ließen sich an einem großen Exemplare (34 mm Scheibendurchmesser) folgende Beobachtungen machen:

Der innere Hauptstamm der rechten Armhälfte war 180 mm lang, mit 24 Gabelungen.
Seine Gliederzahl war:

5; 4, 4, 4, 5, 6, 5, 7, 7, 7, 9, 8, 8, 8, 8, 9, 8, 8, 8, 8, 8, 9, 10, 14 + 1. —

Sein 20. (linker) Seitenast war 14 mm lang bei einer Länge des Hauptstammes von
noch 20 mm.

Sein 15. (rechter) Seitenast war 30 mm lang mit acht Gabelungen bei 50 mm Länge
des Hauptstammes. Seine Gliederzahl war:

5, 5, 6, 7, 8, 9, 12, 10 + 1. —

Sein 13. (rechter) Seitenast war 36 mm lang mit zehn Gabelungen bei 67 mm des
Hauptstammes. Seine Gliederzahl war: 4, 5, 8, 6, 7, 6, 5, 9, 10, 10 + 1. — Dessen
erster Seitenzweig war 11 mm lang mit fünf Gabelungen; 4, 5, 5, 6 + 2. —

Sein 7. Seitenast (rechts) war 45 mm lang mit zehn Gabelungen bei 130 mm Länge
des Hauptstammes. Seine Gliederzahl war: 4, 4, 5, 6, 7, 7, 7, 8 + 3. —

Bis dahin waren alle Endverzweigungen schlank. Bei den nächsten Seitenästen treten
plumpe Endverzweigungen auf.

Sein 5. (rechter) Seitenast war 45 mm lang mit elf Gabelungen (Entfernung von der
Basis des Armes ist ca. 30 mm). Seine Gliederzahl war:

4, 4, 4, 6, 5, 6, 6, 5, 8, 6, 6 + 1. —

Sein 2. Seitenast (links) ist nur 36 mm lang und zeigt wieder ziemlich schlanke
Endverzweigungen.

Sein 1. Seitenast (rechts), der den äußeren Hauptstamm darstellt, war ca. 42 mm
lang mit 15 Gabelungen und folgender Gliederzahl:

4, 4, 2, 4, 5, 5, 5, 5, 5, 5, 5, 5, 6, 5 + 2. —

Auch seine Endverzweigungen sind ziemlich schlank.

Die ersten Tentakelpapillen erscheinen am inneren Hauptstamm nach der siebenten
Gabelung, doch vorerst nur vereinzelt und rudimentär, erst nach der elften Gabelung treten
sie an allen Gliedern auf.

Der erste Abschnitt der ersten zehn Seitenäste zeigt ebenfalls nur vereinzelte und
rudimentäre Tentakelpapillen, an den späteren Abschnitten sind sie regelmäßiger vorhanden
und besser entwickelt. An den plumpen Endzweigen finden sich jederseits drei bis vier kräftige
Tentakelpapillen an jedem Gliede, an den schlanken Endzweigen höchstens ein bis zwei kleine.

Am inneren Hauptstamm sind die Häkchengürtel von der zehnten Gabelung an vollständig und reichen beiderseits bis zu den Tentakelporen; bei der achten Gabelung erreichen
sie beiderseits die Tentakelporen nicht mehr und so bleibt es bis zur Armbasis.

Astroboa albatrossi nov. sp.
Taf. 4, Fig. 5—5b.

Station 5312, China-See bei Hongkong, 21° 30′ N., 116° 32′ E, 140 fath., Sand, small Shells. Temp. 57,5° F.

Die Scheibe des einzigen Exemplares (73 mm Scheibendurchmesser) ist oben ziemlich
grob, aber sehr gleichmäßig gekörnelt; die Körnchen sind abgerundet und erscheinen als
kleine Höcker. Nahe der Mitte der Scheibe und gegen das Ende einiger Rippen zeigen

sich vereinzelt stehend einige sehr kleine kegelförmige Warzen. Die breiten Rippen reichen fast bis zum Zentrum und stehen etwa in gleicher Entfernung von einander. Das Mundskelett hat eine völlig ebene und ganz glatte Oberfläche. Die akzessorischen Platten sind sehr reichlich entwickelt, die basalen Armteile dadurch sehr verbreitert, so daß die weichen Interbrachialräume verhältnismäßig schmal sind. Noch ganz auf dem harten Rand dicht am Innenwinkel eines Interbrachialraumes liegt die ziemlich kleine Madreporenplatte (4 mm breit und 3,5 mm lang). Die Kieferbewaffnung besteht aus sehr kurzen Stachelchen; die äußersten Mundpapillen sind körnchenförmig; die Mundwinkel selbst sind ganz unbewaffnet. Der Scheibenrand erreicht die 2. Armgabelung nicht.

Tentakelpapillen finden sich nicht vor der 5.—7. Armgabelung am inneren Hauptstamm. An den plumpen Armverzweigungen finden sich je 3—4(5) Tentakelhäkchen in einer Reihe. Häkchengürtel sind nur an den äußeren Armabschnitten vollständig, nahe der Scheibe fehlen sie oder sind nur in unzusammenhängenden Teilen vorhanden. Die Rückseite der Arme ist ähnlich der Scheibe gekörnelt. Die Körnchen bilden kleine runde Höcker von etwa gleicher Größe, die sehr gleichmäßig verteilt sind; es finden sich 3—4 solcher Höcker auf 1 mm Länge. Ganz vereinzelt trifft man auf einigen Armen gröbere Warzen. Auf der Unterseite der Arme sind die Körnchen kleiner als dorsal, einige von ihnen sind auch höckerartig. Auf den äußeren Teilen des inneren Hauptstammes werden alle Körnchen ziemlich flach.

Die Gliederzahl der aufeinanderfolgenden Armabschnitte ist an zwei inneren Hauptstämmen folgende:

5; 5, 6, 9, 6, 7, 8, 7, 7, 10, 5, 10, 9 . . . .

5; 4, 5, 8, 8, 7, 9, 8, 9, 5, 8, 9 . . . ., an einem äußeren Hauptstamm:

5; 6, 6, 7, 7, 6, 8, 8 . . . .

Die Farbe ist oben und unten gleichmäßig schiefergrau.

Durchmesser der Scheibe	73 mm
Zentrum bis Rippenende	38 mm
Zentrum bis Interbrachialraum	21 mm
Zentrum bis erste Tentakel	11.5 mm
Zentrum bis erste Gabelung	36 mm
Armbreite vor erster Gabelung	20—24 mm
Armbreite nach erster Gabelung	12—14 mm
Armbreite nach zweiter Gabelung	8 mm
Länge einer Genitalspalte	5 mm

Die vorliegende Form erinnert durch die Lage der Madreporenplatte auf dem harten Rand des Mundskeletts und durch die ziemlich grobe Körnelung von Scheibe und Armen, sowie durch die sehr verbreiterten proximalen Armabschnitte an *Astroboa globifera*; doch ist die Körnelung der Arme sehr verschieden. Während bei der neuen Art alle Körnchen etwa gleichartig sind, sind bei *A. globifera* gröbere Höcker umgeben von sehr viel kleineren Körnchen. In dieser Beziehung erinnert die neue Art sehr an *Astroboa ernae* (Taf. 5, Fig. 3), doch ist hier die Lage der Madreporenplatte verschieden, im inneren Winkel eines weichen Interbrachialraums gelegen. Den drei Arten gemeinsam ist die mangelhafte Ausbildung der Häkchengürtel, die bei

A. ernae, trotzdem ein sehr kleines Exemplar zur Beobachtung kam (22 mm Scheibendurchmesser), bis zur sechsten Armgabelung fast ganz fehlen, während sie bei den zwei
anderen Arten bei großen Exemplaren auch auf den dickeren Armteilen noch stückweise
zur Beobachtung kommen.

Astroboa nuda (Lyman)
Taf. 5, Fig. 1, 2, 4.

Astrophyton nudum Lyman 1874, Bull. Mus. Comp. Zool. Vol. 3, Nr. 10, p. 251, Taf. 4, Fig. 4—5.
Astrophyton nudum Lyman 1882, Challenger Report, Ophiur, p. 257.
Astrophyton elegans Koehler 1905, Siboga-Exped., Ophiur. litt., p. 123, Taf. 13, Fig. 2, Taf. 18, Fig. 1.
Astroboa nuda   Döderlein 1911, Japan. u. andere Euryalae, p. 86 u. 107.
Astroboa elegans   „   „   „   „   „   „   p. 50 u. 107.
Astroboa nigra   „   „   „   „   „   „   p. 83 u. 107, Taf. 9, Fig. 9, 9 a.

Station 5137. Jolo Lt., 6⁰ 04′ 25″ N, 120⁰ 58′ 30″ E, 20 fath, Sand, Shells.
  „   5139. Jolo Lt., 6⁰ 06′ N, 121⁰ 02′ 30″ E, 20 fath., Coral Sand.
  „   5146. Sulu Archipel, Sulade Id., 5⁰ 46′ 40″ N, 120⁰ 48′ 50″ E, 24 fath., Coral Sand, Shells.
  „   5148. Sulu Archipel, Sirun Id., 5⁰ 35′ 40″ N, 120⁰ 47′ 30″ E, 17 fath., Coral Sand.
  „   5160. Sulu Archipel, Tinakta-Id., 5⁰ 12′ 40″ N, 119⁰ 55′ 10″ E, 12 fath., Sand

Die Art war bisher von den Philippinen bekannt, var. *nigra* von Zansibar, Suez,
Goto-Inseln, var. *elegans* von den Sunda-Inseln, Meerenge von Solor aus 113 m Tiefe.

Die ganz nackt erscheinende Scheibe zeigt bei Vergrößerung zerstreut stehende flache
Körnchen von winziger Größe, außen mitunter einige überaus feine Stachelchen. Schon
bei Exemplaren von 26 mm Scheibendurchmesser reicht der Scheibenrand, bezw. das Ende
der Rippen bis zur zweiten Armgabelung und kann bei großen Exemplaren bis zur dritten
Armgabelung reichen. Der Rücken der Arme, die oft ein ganz nacktes Aussehen haben,
ist von einem Pflaster kleiner flacher Plättchen bedeckt, die zwischen je zwei Häkchengürteln je 10—20 unregelmäßige Querreihen bilden. Die Häkchengürtel sind auch bei
großen Exemplaren bis zur Basis der Arme vollständig. Armtentakel, bezw. deren Poren
sind überall vorhanden, sind aber äußerst fein, wo die Tentakelpapillen fehlen. Solche
erscheinen bei größeren Exemplaren am inneren Hauptstamm nicht vor der 13. Gabelung.

Auf dem sonst flachen Mundfeld treten die Kiefer bei größeren Exemplaren höckerartig hervor, auch der harte, von akzessorischen Plättchen gebildete Rand der Interbrachialräume kann bei großen Exemplaren wulstförmig hervortreten. Zähne, Zahn- und Mundpapillen sind groß und kräftig und bilden einen dichten Haufen.

Der adradiale Rand der kleinen Genitalspalten ist rauh von kegelförmigen Höckern oder spitzen
Papillen. Die große Madreporenplatte nimmt den inneren Winkel eines weichen Interbrachialraums
ein. Bei zwei Exemplaren fand ich statt einer einzigen Madreporenplatte, die bei dieser Gattung
die Regel ist, deren je drei von sehr verschiedener Größe ($^3/_9$, $^5/_7$, $^2/_4$ mm und $^6/_8$, $^{1·5}/_{4·5}$, $^{1·5}/_2$ mm).

Station des „Albatroß"	5160	5146	5139	5148	5137
Durchmesser der Scheibe . . .	26	49	80	84	92
Zentrum bis weicher Interbrachialraum	6	11	16	16	18—21
Zentrum bis erste Gabelung . .	14	25	31	34	41
Armbreite vor erster Gabelung . .	5	8	13	14	16
Armbreite nach erster Gabelung .	3	6	8	9	11
Armbreite nach zweiter Gabelung .	2	4	5	5	6.5
Länge der Genitalspalte . . .	2	4.2	7	6	9

44

Die Gliederzahl an den aufeinanderfolgenden Armabschnitten längs eines inneren Hauptstammes beträgt bei einem Exemplar mit einem Scheibendurchmesser von

26 mm: 5; 4, 6, 5, 6, 6, 6 . . . (ca. 180 mm lang mit 24 Gabelungen)
Der äußere Hauptstamm ist ca. 70 mm lang mit zwölf Gabelungen.

49 mm: 5; 4, 5 { 6, 6, 9, 7, 7, 7, 8, 8, 8 + 7 (verkürzt mit fast plumpen Endzweigen)
{ 5, 6, 6, 5, 6, 6, 5, 7, 7, 8, 6 + 4 (äußerer Hauptstamm)

80 mm: 5; 4, 5, 6, 6, 7, 10, 7, 10, 8, 7, 8, 14, 7, 7, 10, 9, 9, 9, 9 + 7. —

84 mm: 5; 4, 5, 4, 6, 5, 6, 6, 6, 7, 6, 7, 7, 8, 7, 8, 8, 8, 9, 10, 8, 9, 9, 9, 9, 9, 11, 9 + 8. —

92 mm: 6; 4, 5, { 6, 6, 5, 8, 8, 7, 8 . . .
{ 5, 5, 6, 6, 7, 6, 6, 6, 6, 6, 7, 7, 6, 7, 7 + 2 (äußerer Hauptstamm ca. 160 mm lang).

Die Oberseite von Scheibe und Armen ist bei den verschiedenen Exemplaren graubraun bis fast schwarz, bei einem Exemplar im Leben „slate color"; die Zweigenden sind in der Regel heller. Ein sehr gut erhaltenes Exemplar erscheint violett schwarz, während die plumpen Zweigenden alle hell gelbbraun gefärbt sind, und zwar etwa die letzten sieben Abschnitte jedes plumpen Zweiges. Von den schlanken Endzweigen sind nur die zwei letzten Armabschnitte hell gefärbt. Die Unterseite von Scheibe und Armen ist hellgrau, an den Armen scharf abgesetzt gegenüber der dunklen Färbung der Armseiten; an dieser Stelle ist öfter eine schmale dunkle Seitenlinie zu erkennen. Mitunter lassen sich auf dem Rücken der Scheibe kleine dunkle Flecken erkennen. Längs des größeren Teils des Armrückens verläuft eine mediane schmale dunkle Längslinie, die an den Gliedergrenzen unterbrochen ist. Sie ist manchmal recht undeutlich, gewöhnlich aber, selbst bei sehr dunklen Exemplaren, läßt sie sich wohl erkennen. Die mediane Dorsallinie konnte ich auch an einem Armfragment, das von dem Lyman'schen Typus der Art stammt, deutlich erkennen, und ich halte es für unzweifelhaft, daß die mir vorliegenden Exemplare tatsächlich zu dieser von Lyman beschriebenen Art gehören.

Sodann ist es mir jetzt nicht mehr zweifelhaft, daß die von mir als *Astroboa nigra* beschriebene Art von Zansibar tatsächlich zu *Astroboa nuda* (Lyman) gehört, nachdem ich an dem Arm des Typus dieser Art ebenfalls deutlich die Spuren dieser dorsalen Mittellinie nachweisen konnte. *A. nigra* dürfte nur als Färbungs-Varietät zu betrachten sein, indem bei ihr die Ober- wie die Unterseite und die Zweigenden eine einheitliche violettschwarze Färbung angenommen haben. Ein sehr schön erhaltenes Exemplar der var. *nigra* besitzt das Senckenbergische Museum in Frankfurt a. M. aus dem Roten Meer bei Suez. Infolge eigentümlicher Konservierung dieses Exemplars sind die Arme schlaff und leicht in jede gewünschte Lage zu bringen. Der größte Scheibendurchmesser dieses Exemplars beträgt 85 mm. Die größte Länge eines Armes beträgt 620 mm, so daß der Radius dieses Exemplars, wenn es völlig ausgebreitet wird, nicht weniger als etwa 1300 mm beträgt. Der innere Hauptstamm eines Armes zeigt 44 aufeinanderfolgende Gabelungen; seine proximalen Abschnitte zeigen meist je fünf Glieder, die distalen bis je zehn Glieder. Der äußere Hauptstamm eines Armes hat die Länge von 300 mm. Die Arme zeigen oben etwa 15 unregelmäßige Querreihen von flachen Plättchen zwischen je zwei Häckchengürteln.

Ferner muß ich auch die von Köhler unter dem Namen *Astrophyton elegans* beschriebene Art hieher stellen. Ich konnte Dank dem liebenswürdigen Entgegenkommen von Herrn Professor Dr. Max Weber in Amsterdam das typische Exemplar selbst untersuchen und vermag, abgesehen von der sehr lebhaften Färbung und Zeichnung, keinen Unterschied von *A. nuda* festzustellen. Auch die Zeichnung selbst ist ganz die gleiche, die sich bei den sonst viel düsterer gefärbten Exemplaren von *A. nuda* erkennen läßt, nämlich ein schmaler dunkler, an den Gliedergrenzen unterbrochener Medianstreifen auf dem Armrücken, ein ebensolcher Strich jederseits etwa in der Höhe der Tentakelporen, sowie Flecken auf dem Rücken der Scheibe. Die Zeichnung der Arme ist auf deren proximale Teile beschränkt. Querfurchen, die die ersten Tentakelporen auf den ersten Armabschnitten verbinden sollen, konnte ich nicht beobachten. Auch bei diesem ziemlich jungen Exemplar (36 mm Scheibendurchmesser) sind die Zähne noch beträchtlich größer als die Mundpapillen. Die Scheibe reicht bis zur ersten Armgabelung. Es finden sich an einem inneren Hauptstamm 26 aufeinanderfolgende Gabelungen. Die Gliederzahl in aufeinanderfolgenden Abschnitten von zwei inneren Hauptstämmen beträgt:

7; 4, 5, 8, 7 . . . ,
7; 4, 5, 6, 6 . . . . 11, ...

Astroboa nigrofurcata nov. sp.

Taf. 4, Fig. 1—4.

Station 5335, Linapacan Strait, Observatory Id., 11⁰ 37′ 15″ N, 119⁰ 48′ 45″ E., 46 fath., Sand, Mud (nur ein Arm).
Station 5432, Eastern Palawan, Corandagos Id., 10⁰ 37′ 50″ N., 120⁰ 12′ E., 51 fath., Sand.
Station 5641, Buton Strait. Kalono Pt., 4⁰ 29′ 24″ G , 122⁰ 52′ 30″ E., 39 fath., Sand, Shells.
— Bubuan Isl.

Die fast nackt erscheinende Scheibe erweist sich bei einiger Vergrößerung dicht bedeckt mit einem Pflaster kleiner flacher Körnchen, die bei jungen Exemplaren auch die Oberfläche der weichen Interbrachialräume einnehmen. Dazwischen zeigen sich auf dem Rücken der Scheibe überall runde Höcker von sehr verschiedener Größe in dem Pflaster, die aber stets nur unbedeutenden Umfang haben. Bei größeren Exemplaren (35 mm Scheibendurchmesser) werden die Höckerchen kegelförmig, bei den größten bedecken sie in Gestalt von kegelförmigen Stachelchen den Rücken der Scheibe und die weichen Interbrachialräume mehr oder weniger dicht, und nur die Rippen sind mit ziemlich flachen, fast gleichgroßen Plättchen bedeckt.

Auf der Unterseite treten in dem sonst ziemlich flachen Mundfeld die Kiefer höckerartig hervor, in sehr geringem Grad bei jüngeren Exemplaren, sehr deutlich bei großen, bei denen auch der von zahlreichen akzessorischen Platten gebildete Rand der weichen Interbrachialräume wulstförmig sich verdickt. Der adradiale Rand der kleinen Genitalspalten ist mit spitzen Papillen bedeckt. Die große Madreporenplatte nimmt den Innenwinkel eines weichen Interbrachialraums ein. Bei einem Exemplar (Scheibe von 53 mm) finden sich in zwei Interbrachialräumen Madreporenplatten, eine große von 3 mm Durchmesser und eine kleine von weniger als 2 mm Durchmesser.

Bei jungen Exemplaren (Scheibe von 13 mm) erreicht der Scheibenrand, bezw. das Ende der Rippen bei weitem nicht die erste Armgabelung, bei größeren (35 mm) erreicht er die erste Gabelung, bei 72 mm wird die zweite Gabelung nicht ganz erreicht. Die Oberseite der Arme zeigt ein zusammenhängendes Pflaster von kleinen flachen Plättchen, die sieben bis zwölf unregelmäßige Querreihen zwischen je zwei Häkchengürteln bilden. Die Häkchengürtel selbst sind auch bei großen Exemplaren bis zur Basis der Arme vollständig. Die ersten Armabschnitte sind nicht sehr breit. Armtentakeln bezw. deren Poren sind längs der ganzen Arme vorhanden, aber äußerst klein, wo Tentakelpapillen fehlen. Solche treten bei großen Exemplaren am inneren Hauptstamm nicht vor der zwölften Gabelung auf.

Die Zeichnung ist sehr auffallend bei dieser Art. Auf hellem gelblichen Grunde heben sich stets auf beiden Seiten der Scheibe und der Arme sowie neben den Genitalspalten dunkle, oft schwarze Flecken auffallend ab. Vor allem charakteristisch ist es, daß von jedem Armabschnitt jedes erste und letzte Glied wenigstens auf der Oberseite schwärzlich gefärbt ist, so daß stets die drei an einer Armgabelung teilnehmenden Glieder dunkel sind. Im allgemeinen ist die Fleckenzeichnung um so umfangreicher, je älter die Exemplare sind. Auf der Scheibe bleibt die Mitte der Rippen meist fast ganz frei von Flecken, während ihre Seiten stets gefleckt sind. Mitunter erscheint der ganze Rücken der Scheibe dunkel mit hellen Flecken. Auf der Unterseite hat vor allem jeder Kieferhöcker ein paar schwarze Flecken an seiner Basis; ferner ist der Rand des Mundfeldes und der Arme längs dem weichen Interbrachialfeld fast stets gefleckt, mitunter das ganze Mundfeld mit Flecken übersät. Die dickeren Armabschnitte zeigen auf jedem Glied einen medianen Fleck auf der Oberseite, oft auch unten. Dieser Fleck fehlt den äußeren Armabschnitten, bei denen aber stets der große charakteristische Fleck der drei die Armgabelung bildenden Glieder sichtbar ist. Bei einem Exemplar von 8 mm Scheibendurchmesser fehlt jener schwarze Dorsalfleck auf den Armgliedern ganz, bei einem von 13 mm findet er sich auf jedem Glied bis zur zweiten Armgabelung; bei 35 mm zeigt er sich bis zur zehnten Gabelung, bei 53 mm bis zur 15. Gabelung.

	8	13	35	53	72	75
Durchmesser der Scheibe	8	13	35	53	72	75
Zentrum bis weicher Interbrachialraum .	2.4	3	8	11	14.5	15
Zentrum bis erste Gabelung . . .	8.5	9	21	26	32	36
Armbreite vor erster Gabelung . .	2	2.3	7	9.3	13	11
Armbreite nach erster Gabelung .	1.5	1.8	4	4.8	6.2	7
Armbreite nach zweiter Gabelung .	1.4	1.5	3.8	4	4	6
Länge der Genitalspalte	—	—	3	4.4	7	7.5
Zahl der aufeinanderfolgenden Gabelungen	12	15	22	33	—	—

Die Gliederzahl an den aufeinanderfolgenden Armabschnitten längs eines inneren Hauptstammes beträgt bei einem Exemplar mit einem Scheibendurchmesser von:

8 mm: 5—6; 4 (5), 5—6 . . . .

13 mm: 5—6; 4 (7), 5—6 . . . .

35 mm: 6 (7); 4, 4—6 (9) . . . .

6; 4 { 5 { 6, 6, 6, 6, 7, 8, 8, 7, 8, 8, 8, 9, 10, 10, 11 (ca. 300 mm lang)

5, 6, 6, 7, 10, 6, 8, 7, 7, 6, 8, 8, 8, 8, 6 + 4. — (erster Seitenast, ca. 150 cm lang)

5, 5, 6, 6, 6, 7, 7, 7 + 5. — (äußerer Hauptstamm ca. 90 mm lang)

53 mm: 6; 4 { 4, 6, 6, 6, 6, 7, 6, 8, 8, 8, 8, 8, 8, 8, 8, 8, 7, 7, 8, 8, 8, 9, 8, 10, 9, 10, 12, 11 + 3. —

4, 5, 6, 4, 6, 7, 6, 6, 6, 7, 7, 8, 8, 8 + 2. —

Die vorliegende Art erinnert etwas an *Astroboa nuda* var. *elegans* Koehler. Aber gerade die charakteristischen Flecken oder Querbinden auf den drei Gliedern jeder Armgabelung fehlen bei *elegans* vollständig. Immerhin steht die neue Art der *A. nuda* ziemlich nahe. Außer der Zeichnung ist sie nur noch durch die Granulierung der Scheibenoberfläche zu unterscheiden, die bei *A. nuda* sehr fein und sehr gleichmäßig ist und aus lauter flachen Körnchen besteht, während sich bei *A. nigrofurcata* neben den flachen Körnchen größere höckerartig ausgebildete finden, die bei größeren Exemplaren besonders nahe dem Rande der Scheibe und auf den Interbrachialräumen kegel- bis stachelförmig werden können. Die Scheibe bleibt verhältnismäßig kleiner als bei *A. nuda* und die ersten Armabschnitte sind schmäler.

Gattung **Astroglymma** nov. nomen, syn. *Astrodactylus*.

Der Name *Astrodactylus* ist bereits von J. Wagler 1830, bezw. von J. Hogg 1839 für eine Anuren-Gattung verwendet worden. Ich gebe daher dieser Echinodermen-Gattung den neuen Namen *Astroglymma* (τὸ γλύμμα die Skulptur).

Astroglymma sculptum Döderlein
Taf. 1, Fig. 3 u. 4; Taf. 5, Fig. 13

Astrophyton sculptum Döderlein 1896, Jenaische Denkschr., Bd. 8, p. 299, Taf. 18, Fig. 29. Amboina.
Astrophyton gracile Koehler 1905, Siboga-Exp., Ophiur. litt., p. 25, Taf. 17, Fig. 1—2, Sumbawa 73 m.
Astrodactylus sculptus Döderlein 1911, Japan. u. andere Euryalae, p. 56, 91, 98 u. 109.
Astrodactylus gracilis Döderlein 1911, ibid., p. 56 u. 109.

Station 5432. Eastern Palawan, Corandagos Id., 10° 37′ 50″ N., 120° 12′ E., 51 fath., Sand.

Ein einziges Exemplar liegt mir vor, das durchaus mit dem von mir beschriebenen übereinstimmt.

Die Scheibe (80 mm Durchmesser) ist oben und unten gleichmäßig bedeckt von sehr feinen runden Körnchen. Bei schwacher Vergrößerung sieht man einzelne scheinbar nackte Stellen auf den Intercostalräumen; dort sind die Körnchen ganz flach geblieben.

Die fünf Madreporenplatten sind klein, viel breiter als hoch und wenig sichtbar, da sie ganz im inneren Winkel der Interbrachialräume unter dem vorspringenden harten Rand verborgen sind; zwei davon sind ziemlich undeutlich. Die knotenförmig vorspringenden Kiefer sind durch schmale Kommissuren zu einem Ring verbunden, der durch eine tiefe ringförmige Furche von der höher liegenden Oberfläche des äußeren Mundskeletts getrennt ist. Das Mundskelett erscheint dadurch in der Mitte kraterförmig vertieft, wie es auch bei der Gattung *Astrospartus* der Fall ist. Die Zähne, Zahn- und Mundpapillen sind kurz und dünn, einen dichten Haufen bildend, die Mundwinkel sind unbewaffnet.

Die aus akzessorischen Plättchen gebildeten Ränder der Armbasen und des äußeren Mundskelettes, die die weichen Interbrachialräume umsäumen, sind wallartig erhöht und sind an jedem Armglied durch schmale, scharf vorspringende quere Kommissuren verbunden, die tiefe Gruben umschließen, in denen die Tentakel liegen. Diese eigentümliche Skulptur der sehr flachen Unterseite der Arme wird nach außen hin immer undeutlicher und verschwindet nach der dritten Armgabelung ganz. Der Rand der Scheibe reicht bis zur zweiten Armgabelung. An den Armen treten die einzelnen Glieder deutlich hervor; der Armrücken zeigt eine deutliche Längsfurche.

48

Am inneren Hauptstamm der Arme treten Tentakelpapillen nicht vor der zehnten Gabelung auf. Die Arme sind auf der Rückenseite gröber, aber unregelmäßiger granuliert als die Scheibe. Zwischen je zwei der sehr schmalen Häkchengürtel, die fast von der Scheibe an vollständig sind, zeigen sich sechs bis zwölf unregelmäßige Querreihen von kleinen höckerartigen Körnchen auf der Oberseite. Auch die etwas größeren Plättchen der Unterseite der Arme zeigen Neigung, etwas höckerförmig zu werden.

	Sumbawa (gracile)	Amboina	5432
Durchmesser der Scheibe . . .	21	48	80
Zentrum bis Rippenende . . .	11	25	41
Zentrum bis weicher Interbrachialraum	7	10	15.5
Zentrum bis erste Gabelung . .	15	33	35
Armbreite vor erster Gabelung . .	5	10	13
Armbreite nach erster Gabelung . .	2.8	5	9.4
Armbreite nach zweiter Gabelung .	2.3	5	6.5
Länge einer Genitalspalte . . .		6	4.2

Die Gliederzahl der aufeinanderfolgenden Abschnitte an einem inneren Hauptstamm der Arme ist folgende:

6; 4, 6, 6, 7, 8, 8, 8, 8, 9, 9, 9, 10, 10, 10, 10, 11, 10, 10, 13, 10 . . . .

Die ersten 21 Armabschnitte erreichen eine Länge von 400 mm.

Am ersten Seitenast des inneren Hauptstammes ist bei einer Länge von 250 mm die Gliederzahl: 5, 6, 7, 6, 8, 7, 8, 7, 8, 9, 10, 8, 7, 6, 8 + 6. —

Der äußere Hauptstamm erreicht 200 mm Länge mit 19 Abschnitten und hat folgende Gliederzahl: 6, 5, 7, 6, 6, 5, 9, 7, 5, 7, 7, 8, 8, 7, 8, 9 + 3.

Die Gürtelhäkchen tragen stets einen kleinen Nebenzahn, den auch stets die Tentakelhäkchen noch an den letzten Verzweigungen besitzen. Diese sind wie gewöhnlich auf ihrer konvexen Seite rauh und uneben im Gegensatz zu den Gürtelhäkchen, deren Oberfläche stets glatt erscheint.

Astrophyton gracile Koehler von Sumbava, dessen Typus ich durch das Entgegenkommen von Herrn Professor Dr. Max Weber untersuchen konnte, ist nach meinem Erachten nur ein junges Exemplar von *Astroglymma sculptum* Död. Sein größter Scheibendurchmesser beträgt nur 21 mm. Die charakteristische Skulptur der Unterseite der Scheibe und der Arme ist nur unbedeutend, aber immerhin deutlich erkennbar. So ist die kraterförmige Einsenkung des zentralen Teils des Mundskelettes unverkennbar, von den tiefen Gruben an den ersten Armgliedern ist nur die erste in ziemlich geringem Grade vorhanden. Die fünf Madreporenplatten sind vorhanden, aber wenig deutlich, da sie sehr versteckt liegen und breit, aber sehr niedrig sind.

An einem inneren Hauptstamm sind 17 aufeinanderfolgende Gabelungen vorhanden. Der sechste (schlanke) Seitenast ist länger und kräftiger als der vorhergehende. Die Zahl der Glieder der aufeinanderfolgenden Abschnitte an zwei inneren Hauptstämmen der Arme ist folgende:

6; 4, 6, 6, 6, 8, 8. 7, 7 . . . .

6; 4, 6, 6, 7, 7, 7, 8, 8, 6, 8, 8, 8, 9, 8 + 1. —

Gattung **Astrochalcis** Koehler 1905.

Was die Gattung *Astrochalcis* so besonders auszeichnet, das ist der ins Extrem ge-steigerte Dimorphismus der Armverzweigungen, der schon bei *Astrocladus* und *Astroboa* sehr ausgesprochen ist, aber weit hinter dem zurückbleibt, was bei *Astrochalcis* in dieser Beziehung zur Ausbildung kommt. Während die äußeren Verzweigungen des inneren Haupt-stammes bei *Astrochalcis* schlank und dünn und annährend drehrund bleiben wie bei den anderen verzweigten *Gorgonocephalinae* und dazu reich verästelt sind, ist der äußere Haupt-stamm und der erste innere Zweig des inneren Hauptstammes viel spärlicher verästelt und zeigen in ihrer ganzen Ausdehnung ungewöhnlich breite und plumpe, oft wie geschwollen erschei-nende Abschnitte mit breiter ebener Bauchfläche. Tentakelhäkchen sind an ihnen wohl entwickelt, dagegen treten die Gürtelhäkchen sehr zurück; immerhin lassen sich Häk-chengürtel bei dem typischen Exemplar *A. tuberculosus* auch an den plumpen äußersten Zweigen noch erkennen. An den schlanken Verzweigungen werden im Gegensatz dazu Tentakelhäkchen spärlich und sehr unscheinbar, während die Häkchengürtel wohlentwickelt sind und kranzartig die letzten Verzweigungen umgeben. Bei *Astrochalcis* sind an den plumpen Endzweigen die Tentakelhäkchen einfach krallenartig ohne Nebenspitze, aber an den schlanken Endzweigen zeigt sich noch eine Nebenspitze, die auch die Gürtelhäkchen stets besitzen.

Die mitunter ganz unförmig wirkende Breite des basalen Teiles der Arme von *Astro-chalcis*, die wie aufgebläht erscheinen, ist es, die den hieher gehörigen Formen ein ganz fremdartiges Aussehen verleiht gegenüber den übrigen *Gorgonocephalinae*. Während bei diesen der Querschnitt der Arme in ihrem ganzen Verlauf ungefähr so breit ist als hoch und daher annähernd kreisrund erscheint, übertrifft bei *Astrochalcis* die Breite der Arme fast um die Hälfte ihre Höhe, und ihre Ventralseite erscheint als breite flache Sohle. Das ist bei allen Armabschnitten der Fall, die zu den plumpen Endverzweigungen führen, während diejenigen, die nur zu schlanken Endverzweigungen führen, das normale Aussehen der Arme von *Gorgonocephalinae* behalten. Daher zeigt der ganze äußere Hauptstamm und der erste innere Zweig des inneren Hauptstammes die charakteristische Verbreiterung an allen Ab-schnitten, während der übrige Teil des inneren Hauptstammes in seinem ganzen Verlauf an dieser Verbreiterung nicht teilnimmt.

Die Verbreiterung der Arme hängt zum Teil damit zusammen, daß ihre Seitenplatten, die auf der Ventralseite jedes Armgliedes mit ihrem medialen Ende in der Mittellinie fast zusammenstoßen, bei den verbreiterten Armen verhältnismäßig viel breiter sind als bei den nicht verbreiterten. Da durch ihr laterales Ende die äußere Bauchkante der Arme bestimmt wird, wird die durch die beiden Bauchkanten begrenzte Bauchfläche der Arme mit ver-breiterten Seitenplatten auch erheblich breiter als bei den anderen Armen. Damit hängt auch zusammen, daß an den normalen Armen die größte Armbreite etwa der Mitte der Armhöhe entspricht, während sie bei den verbreiterten Armen etwa in der Höhe der Bauch-kante liegt und so die breite Sohle der Arme entsteht.

Ein weiterer Grund für die Verbreiterung und für die Aufblähung der Arme liegt in der Entwicklung eines umfangreichen dorsalen Hautskelettes bei den verbreiterten Arm-teilen. Entfernt man bei einem normalen Armteil die die Oberfläche bildende einfache Körnchenschicht auf der Dorsalseite, so findet man über den Wirbeln keinerlei weitere

Kalkbildungen und auf der Ventralseite nur noch die Seitenplatten. Bei den verbreiterten Armen ist auf der Ventralseite dieser Zustand auch bei *Astrochalcis* zu treffen. Auf der Dorsalseite aber trifft man bei *Astrochalcis* bis zur Bauchkante jederseits unter der oberflächlichen dünnen Körnchenschicht eine mehr oder weniger mächtige, aus größeren und kleineren Kalkkörpern bestehende, subdermale, zusammenhängende Körnerschicht, die einen förmlichen Rückenpanzer darstellt. Bei dem Exemplar von *A. tuberculosus* fand ich diese Körnerschicht besonders mächtig an der Basis der Arme, wo sie an den Seiten der Arme mehrschichtig ist und in Zusammenhang mit akzessorischen Platten des Mundfeldes stehen dürfte. Durch die besonders starke Entwicklung dieser subdermalen Körnerschicht dürfte die äußerlich fehlende Abgrenzung der Arme von der Scheibe zu erklären sein, die bei dem typischen Exemplar von *A. tuberculosus* so auffallend ist. Dagegen fand ich bei einem großen Exemplar von *A. micropus* an derselben Stelle diese Körnerschicht kaum entwickelt, während sie weiter außen je nach der Mächtigkeit der Arme sich sehr gut entwickelt zeigt. Hier ist aber auch die Abgrenzung der Arme von der Scheibe so deutlich wie bei anderen *Gorgonocephalinae*.

Ob diese verschiedene Entwicklung der subdermalen Körnerschicht charakteristisch ist für die beiden Arten oder, was mir wahrscheinlicher scheint, nur ein Altersunterschied ist, läßt sich einstweilen nicht entscheiden, da von *A. tuberculosus* nur ein jugendliches Exemplar untersucht werden konnte, von *A. micropus* nur erwachsene Exemplare zur Verfügung stehen. Immerhin kann für *A. tuberculosus* angenommen werden, daß bei der Neigung dieser Art zur Ausbildung von kräftigen Warzen in der oberflächlichen Körnerschicht auch die darunterliegende Körnerschicht zu einer mächtigeren Entwicklung neigt, als bei *A. micropus*, deren oberflächliche Körnerschicht überall gleichmäßig nur aus kleinen Körnchen besteht.

Im übrigen sind wesentliche äußere Unterschiede zwischen den Gattungen *Astrochalcis* und *Astroboa* nicht vorhanden. Die kleine Madreporenplatte liegt über dem äußeren Rand des harten Mundskelettes im Innenwinkel eines weichen Interbrachialraumes. Wie bei *Astroboa* treten Tentakeln und Tentakelpapillen erst an den äußeren Verzweigungen der Arme auf. Das Verschwinden der Häkchengürtel an einem großen Teil der Arme ist schon bei den Arten von *Astroboa* zu beobachten, die eine ähnliche gekörnelte Oberfläche zeigen wie *Astrochalcis*, und zeigt sich auch schon bei *Astrocladus*.

Astrochalcis tuberculosus Koehler.
Taf. 5, Fig. 7—7 b

Astrochalcis tuberculosus Koehler 1905, Siboga-Exped., Oph. litt., p. 130, Taf. 16, Fig. 1—2.

An dem mir vorliegenden typischen Exemplar ist die Dorsalseite der Scheibe und die der basalen Armteile von einem Pflaster kleiner, flacher bis schwach gewölbter Plättchen verschiedener Größe bedeckt, zwischen denen sich große, aber niedere, etwas kegelförmige Warzen erheben, die den äußeren Teilen der Arme fehlen. Die Radialrippen treten bei dem typischen Exemplar in der Tat gar nicht hervor, so daß auf der Rückenseite eine scharfe Grenze zwischen Scheibe und Armen zu fehlen scheint. Wird aber durch Nelkenöl das Exemplar etwas durchscheinend gemacht, so erkennt man die scharfe Grenze wie bei den anderen *Gorgonocephalinae*.

Besonders auffallend ist bei diesem Exemplar der breite Randsaum auf der flachen Ventralseite der breiten Armteile, der jederseits so breit werden kann wie das flache Mittelfeld der Arme, das sich durch seine sehr lockere und ungleichmäßige Körnelung von dem Randsaum unterscheidet.

Das typische Exemplar von *A. tuberculosus* zeigt längs eines inneren Hauptstammes 14 aufeinanderfolgende Gabelungen, längs eines äußeren Hauptstammes nur sieben aufeinanderfolgende Gabelungen. Die Abschnitte haben folgende Gliederzahl:

$$5 \begin{cases} 4, 6, 6, 5, 7, 6, 6, 7, 7, 8, 7+2 \\ 5, 5, 5, 7, 8+2 \text{ (äußerer Hauptstamm)}. \end{cases}$$

Tentakelpapillen erscheinen am inneren Hauptstamm nach der fünften Gabelung, am äußeren Hauptstamm schon vor der zweiten Gabelung, und zwar stehen hier meist drei, mitunter vier nebeneinander. Sie besitzen an den schlanken Zweigen eine Nebenspitze, wie sie auch alle Gürtelhäkchen zeigen; an den plumpen Endverzweigungen werden die Tentakelpapillen zuletzt krallenähnlich ohne Nebenspitze.

Astrochalcis micropus Mortensen
Taf. 5, Fig. 8; Taf. 6, Fig. 1—4 d

Astrochalcis micropus Mortensen 1912, Videnskab. Meddel. fra den naturh. Foren. Kobenhavn, Bd. 63, p. 257. Philippinen, San Bernardino Strait, 50—100 fath.

Station 5138, Jolo-Lt. Sulu-Archipel, 6⁰ 06′ N, 120⁰ 58′ 50″ E, 19 fath., Coral Sand.
Station 5141, Sulu-Archipel, Jolo Lt., 6⁰ 09′ N, 120⁰ 58′ E, 29 fath., Coral Sand.
Station 5338, Palawan Passage, Observatory Id., 11⁰ 33′ 45″ N, 119⁰ 24′ 45″ E, 43 fath., Corals, Sand, Mud.

Der Rücken von Scheibe und Armen sowie die Interbrachialräume sind ohne Spur von größeren Warzen überall gleichmäßig dicht bedeckt mit kleinen, fast kegelförmigen Körnchen von ungefähr gleicher Größe, von denen etwa vier bis sechs auf die Länge von 1 mm gehen. Die Rippen sind breit, von dreieckiger Gestalt und stoßen seitlich fast zusammen, sind aber bei den vorliegenden Exemplaren durchaus deutlich durch Furchen von einander abgegrenzt, und die äußere Grenze ist gegen die Arme wohl erkennbar wie bei anderen Gorgonocephalinae. Die Genitalspalten sind von sehr verschiedener Größe, auch an demselben Exemplar, und können an den Rändern mit kegelförmigen Papillen versehen sein, die bei einem Exemplar viel auffallender sein können als bei einem anderen. Die ziemlich kleine Madreporenplatte liegt interradiär über dem Außenrande des festen Mundskelettes, von der Unterseite der Scheibe aus kaum sichtbar. An den ziemlich flachen Kiefern sind die Zähne, Zahnpapillen und Mundpapillen einander sehr ähnlich und nicht sehr groß; die Mundpapillen reichen nahe an den äußeren Mundwinkel. Die Unterseite der Scheibe zeigt ein Pflaster von kleinen flachen Plättchen.

Der Rand der Scheibe erreicht auch bei dem größten Exemplar (Scheibe von 75 mm) die erste Gabelung nicht. Die auffallend verbreiterten Arme erscheinen auf der Unterseite mit wulstig erhöhten Rändern, während ihr mittlerer Teil annähernd flach ist. Diese Ränder sind fein und gleichmäßig gekörnelt wie der Armrücken. Die Körnchen, die diese Bedeckung bilden, werden erst gegen das Ende der Arme, wo die Gürtelhäkchen auffallender werden, immer flacher. Die flache Unterseite der Arme zeigt ein sehr unregelmäßiges Pflaster von größeren und kleineren etwas gewölbten Plättchen, die vielfach durch nackte Zwischenräume getrennt sind;

erst gegen das Ende der Arme ist die Bedeckung der Unterseite gleichmäßiger, nur aus kleinen, ziemlich flachen Plättchen bestehend.

Tentakelpapillen erscheinen längs der inneren Hauptstämme nicht vor der zehnten Gabelung, längs der äußeren Hauptstämme nicht vor der siebenten (Scheibe von 75 mm). Erst von hier an zeigen sich auch wohlentwickelte Tentakeln, die an den proximalen Armabschnitten höchstens stellenweise in winziger Größe zü beobachten sind, vielfach aber ganz zu fehlen scheinen. An trockenen Armteilen lassen sehr feine Poren dann ihr Vorhandensein vermuten.

Ein Exemplar von 40 mm Scheibendurchmesser zeigt an einem inneren Hauptstamm etwa 21 aufeinanderfolgende Gabelungen, am äußeren deren zehn; ein Exemplar von 56 mm zeigt 20, bezw. neun Gabelungen; ein solches von 75 mm zeigt 26, bezw. 13 Gabelungen. Der Unterschied zwischen reichverzweigten, äußerst schlanken und wenig verzweigten, sehr plumpen konischen Armenden ist viel größer und auffallender als bei anderen *Gorgonocephalinae*. An den plumpen Endverzweigungen bilden sich jederseits Querreihen von je drei bis vier, selten fünf Tentakelpapillen. Diese zeigen zuerst zwei gerade Spitzen, wie das vor allem bei der innersten Papille zu beobachten ist, und bilden zuletzt einen kräftigen, krallenförmigen Haken ohne Nebenspitze. Die konvexe Seite der Tentakelhäkchen ist wie gewöhnlich rauh und uneben. An den schlanken Endverzweigungen zeigen sich nur zwei kleine Tentakelhäkchen, zuletzt nur noch eines, meist mit Nebenspitze. Eine solche ist auch stets bei den Gürtelhäkchen vorhanden. Der innere Hauptstamm jeder Armhälfte besitzt vom ersten äußeren Zweig ab nur schlanke fadenförmige Endverzweigungen in großer Anzahl; plumpe Endverzweigungen in sehr geringer Anzahl besitzt der ganze äußere Hauptstamm sowie der erste innere Zweig des inneren Hauptstammes. Alle Armabschnitte mit plumpen Endverzweigungen sind auffallend verbreitert, fast doppelt so breit als hoch; nur soweit sie schlanke Endverzweigungen tragen, haben sie das normale Aussehen anderer Gorgonocephalinae.

	40	56	75
Größter Durchmesser der Scheibe .	40	56	75
Zentrum bis Ende der Rippen . .	21	30	37
Zentrum bis weicher Interbrachialraum	18	25—27	24.5
Zentrum bis erste Gabelung . .	28	39	43
Armbreite vor erster Gabelung . .	17	17—21	21—22
Armbreite nach erster Gabelung .	11—12	12	15
Armbreite nach zweiter Gabelung .	9	10	11.5
Länge einer Genitalspalte . . .	3.5	7	7.5—11
Breite der Madreporenplatte . .	1.8	3.7	4.8

Bei dem größten Exemplar von 75 mm Scheibendurchmesser zeigt der innere Hauptstamm einer Armhälfte vom Scheibenrand ab eine Gesamtlänge von etwa 250 mm bei 26 aufeinanderfolgenden Gabelungen. Der Armabschnitt zwischen erster und zweiter Gabelung ist 11 mm lang und 15 mm breit. Die aufeinanderfolgenden Armabschnitte nach der ersten Armgabelung sind an einem Arme

11, 16, 20, 27, 22, 17 mm lang und

14, 11.5, 9.7, 6.5, 5.7, 4.3 mm breit; die Gliederzahl beträgt

6—7; 6, 7, 8, 11, 8, 7, 10, 10 $\Big\{$ 12, 10, 11 . . . .

5, 5, 5, 8, 10, 9, 9, 9 . . . .

Tentakelpapillen treten bei ihm nach der zehnten Gabelung auf; die ersten Spuren von Gürtelhäkchen finden sich nach der achten Gabelung, vollständige Häkchengürtel nach der zwölften Gabelung.

Der erste äußere (schlanke) Zweig des inneren Hauptstammes zeigt bei etwa 80 mm Länge zehn aufeinanderfolgende Gabelungen; die ersten Abschnitte sind 26, 18, 17 mm lang und 5, 4.3, 3.4 mm breit; Tentakelpapillen erscheinen daran nach der vierten Gabelung.

Der erste innere (plumpe) Zweig des inneren Hauptstammes ist 90 mm lang mit 7 Gabelungen. Die drei ersten Abschnitte sind 15, 20, 18 mm lang und 7, 6.5, 5.5 mm breit mit 6, 9, 9 Gliedern.

Der zweite innere (schlanke) Zweig des inneren Hauptstammes zeigt bei etwa 87 mm Länge zwölf aufeinanderfolgende Gabelungen; Tentakelpapillen beginnen nach der dritten Gabelung.

Der vierte äußere Zweig des inneren Hauptstammes zeigt bei etwa 87 mm Länge zwölf aufeinanderfolgende Gabelungen; Tentakelpapillen erscheinen schon an seinem ersten Abschnitt.

Der äußere (plumpe) Hauptstamm derselben Armhälfte zeigt bei 165 mm Länge 13 aufeinanderfolgende Gabelungen; die aufeinanderfolgenden Armabschnitte sind dabei

16, 22, 27, 24, 22, 20 mm lang und

11.5, 10.4, 10, 9, 7.8, 6 mm breit; die Zahl der Armglieder beträgt dabei:

6, 8, 11, 9, 10, 12, 10, 8, 8 + 3. —

Tentakelpapillen erscheinen daran nach der achten Gabelung, die ersten Spuren von Gürtelhäkchen noch später und vollständige Häkchengürtel nur an den letzten drei Abschnitten.

Der erste äußere Zweig des äußeren Hauptstammes zeigt bei etwa 90 mm Länge sieben bis acht Gabelungen; die ersten drei Armabschnitte sind 9, 8, 6 mm breit; Tentakelpapillen erscheinen nach der vierten Gabelung.

Der zweite äußere Zweig des äußeren Hauptstammes zeigt bei etwa 65 mm Länge fünf Gabelungen; Tentakelpapillen erscheinen nach der zweiten Gabelung.

Ein Exemplar von 56 mm Scheibendurchmesser erwies sich als sechsstrahlig, ein höchst seltenes Vorkommen bei erwachsenen *Gorgonocephalidae*; mir ist wenigstens kein weiterer solcher Fall in der ganzen Gruppe der Euryalae bekannt. Dabei ist das Exemplar ziemlich regelmäßig ausgebildet, doch sind die Arme verhältnismäßig kurz. Dies Exemplar zeigt noch eine weitere Eigentümlichkeit am Innenwinkel der weichen Interbrachialräume. Während in einem Interradius hier die steil aufsteigende Außenwand des festen Mundskeletts die Madreporenplatte trägt, findet sich in den fünf anderen Interradien an dieser Stelle je eine tiefe Grube, die blind endet, deren Ränder aber eine ähnliche feste Verkalkung aufweisen wie die Madreporenplatte, ohne aber Poren zu zeigen. Vielleicht handelt es sich hier um rudimentär gewordene Madreporenplatten. Bei anderen Exemplaren von *Astrochalcis*, die ich kenne, fand ich keine Spur von solchen Gruben.

Dasselbe Exemplar zeigt noch in mehreren Interradien am festen Rande des weichen Interbrachialraumes gallenförmige Auswüchse von kugliger Gestalt von mehr als Erbsengröße. Ihre Oberfläche ist ebenso granuliert wie die des Interbrachialraumes, läßt aber zwischen den Körnchen eine Anzahl deutlicher Poren erkennen. Der Inhalt jeder dieser Gallen besteht aus mehreren (ca. vier) Schnecken der Gattung *Stylifer*, die dicht gedrängt darin sitzen. Derartige Schnecken der Gattung *Stylifer* und andere sind ja als Parasiten von Echinodermen wohl bekannt; zum Teil finden sie sich äußerlich festsitzend, am liebsten auf dem Buccalfeld von Echinoidea; bei einer *Stereocidaris tricarinata* fand ich eine ganze Kolonie in einer durch sie hervorgerufenen furchenartigen Vertiefung eines Ambulacralfeldes. Bei Seesternen besonders aus den Gattungen *Linckia* und *Nardoa* finden sie sich einzeln im Innern von knotenförmigen Verdickungen der Arme, die aber eine einzige weite Öffnung zeigen zur Kommunikation mit der Außenwelt. Bei *Astrochalcis micropus* finden sich aber Kolonien solcher Schnecken völlig eingeschlossen, und zur Kommunikation mit der Außenwelt dienen nur eine Anzahl feiner Poren. Übrigens zeigen sich an verschiedenen anderen Stellen desselben Exemplars ringförmige Spuren auf der Hautoberfläche, die ich nur als die Reste solcher ehemaliger Gallen ansprechen kann, die sich von dem lebenden Wirt von selbst losgelöst haben dürften. Die noch anhaftenden Reste der Galle dürften dann resorbiert oder abgestoßen werden. Vielleicht steht die kümmerliche Ausbildung der Arme dieses Exemplars im Zusammenhang mit der Gegenwart der Parasiten.

Auch das große Exemplar von 75 mm Scheibendurchmesser zeigt unverkennbare Spuren von bereits losgelösten Gallen neben einer kleinen erst beginnenden Galle.

R. Koehler 1905 führt außer dem größeren typischen Exemplar von *Astrochalcis tuberculosus* noch einige kleinere Exemplare von dieser Art an. Eines von diesen (Station 164 der Siboga-Expedition) liegt mir vor; es hat 9 mm Scheibendurchmesser. Ob aber dieses Exemplar auch wirklich zur Gattung *Astrochalcis* gehört, war zunächst nicht sicher. Das wesentlichste Merkmal, das diese Gattung von *Astroboa* trennt, der auffallende Dimorphismus der Arme ist noch nicht zu beobachten. Ein breiter Randsaum auf der ventralen Seite der Arme ist auch kaum entwickelt. Bei der geringen Größe des Exemplars wäre es auch nicht anders zu erwarten. Denn auch auf der Scheibe sind akzessorische Platten nur sehr schwach entwickelt. Doch ist die Unterseite der Arme bemerkenswert flach, wie es für *Astrochalcis* charakteristisch ist, während sie bei *Astroboa*, die allein noch in Betracht käme, mehr oder weniger konvex ist. Danach allein zu schließen konnte man das Exemplar wohl noch zur Gattung *Astrochalcis* stellen. Aber erst die Untersuchung der Tentakel- und Gürtelhäkchen beseitigte jeden Zweifel daran.

Die Oberseite von Scheibe und Armen aber unterscheidet sich derart von *A. tuberculosus*, daß sich danach das Exemplar auf keinen Fall zu dieser Art stellen ließ. Von den großen Warzen, die bei *A. tuberculosus* die Scheibe und die basalen Teile der Arme in so auffallender Weise bedecken, zeigt das kleine Exemplar auch nicht die geringste Spur. Nach meiner Erfahrung sind aber grobe Warzen und Höcker gerade bei jugendlichen Exemplaren besonders stark ausgeprägt, während sie bei älteren Exemplaren viel weniger hervortreten, selbst fast verschwinden können. Aber hier ist es ein jugendliches Exemplar, das von den großen Warzen keine Spur zeigt, während sie das viel größere Exemplar in so hervorragendem Maße aufweist, daß diese Eigenschaft im Artnamen zum Ausdruck gebracht wurde.

Bei dem kleinen Exemplar ist die Oberseite durchaus gleichmäßig fein, aber deutlich gekörnelt, sowohl auf der Scheibe wie auf den Armen. Das typische Exemplar von *A. tuberculosus* hat damit aber gar keine Ähnlichkeit. Denn hier ist auch die feinere Grundkörnelung der Scheibe und der Arme, in der die großen Warzen liegen, sehr ungleichmäßig. Die feinen Körnchen sind von sehr verschiedener Größe, zum Teil gewölbt, zum Teil mehr oder weniger flach. Die gröberen Körnchen werden vielfach zu ganz flachen Plättchen, die zwischen den gewölbten kleinen Körnchen vertieft zu liegen scheinen.

Da nun auch ein noch kleineres Exemplar von nur 5 mm Scheibendurchmesser, ebenfalls von Station 164, in allen Stücken durchaus dem Exemplar von 9 mm Durchmesser entspricht, so glaubte ich die beiden als eine besondere Art auffassen zu dürfen. Mittlerweile hat in der Tat Mortensen 1912 ein großes Exemplar (Scheibe von 60 mm) als *Astrochalcis micropus* beschrieben, und ich zweifle nun nicht mehr, nachdem ich auch die großen Exemplare der Albatroß-Expedition vor mir habe, daß die kleinen Exemplare der Siboga-Expedition nicht zu *A. tuberculosus* Koehler, sondern zu *A. micropus* zu rechnen sind.

Das Exemplar von 9 mm Scheibendurchmesser hat an einem inneren Hauptstamm 13—14 aufeinanderfolgende Gabelungen mit der Gliederzahl 7; 5, 5, 7, 6, 6, 6 ... Nach der 2. Gabelung erscheinen die ersten Tentakelpapillen, von denen je 3 nebeneinander stehen können. Der Unterschied zwischen schlanken und plumpen Verzweigungen ist bereits vorhanden, doch viel weniger ausgeprägt wie bei größeren Exemplaren. Die Gürtelhäkchen tragen stets eine Nebenspitze. Von den Tentakelhäkchen zeigen die kleinen an den schlanken Zweigen eine Nebenspitze, die viel größeren an den plumpen Zweigen sind krallenartig ohne Nebenspitze.

Astrocaneum spinosum (Lyman).
Taf. 5, Fig. 11

Astrophyton spinosum Lyman 1875, Ill. Catal. Mus. Comp. Zool., Nro. 8, Pt. 2, p. 29, Taf. 4, Fig. 41—47.
Astrocaneum spinosum Döderlein 1911, Ueber japan. und andere Euryalae, p. 92, Taf. 8, Fig. 4, 5.

Station 3025. Gulf of California; 31° 21′ 15″ N, 113° 59′ W; 9.5 fath.; Temp. 66.1° F; fine gray sand.

Die vorliegenden Exemplare entsprechen durchaus denen, die ich bisher untersuchen konnte. Nur finde ich, daß je 3—5 Tentakelpapillen von winziger Größe bereits nach der zweiten Armgabelung am inneren Hauptstamm bei einem Scheibendurchmesser von 33 mm beobachtet werden können, am äußeren Hauptstamm je 1—2 nach der zweiten Gabelung, 3—4 nach der dritten Gabelung.

An einem inneren Hauptstamm sind bei einem Scheibendurchmesser von 42 mm 16 aufeinanderfolgende Gabelungen vorhanden mit folgender Gliederzahl:
8; 5, 7, 9, 10, 8, 9, 11, 10, 12, 13, 14, 13, 15 + 2.
An einem äußeren Hauptstamm 10 Gabelungen mit folgender Gliederzahl:
8; 5, 10, 10, 10, 8, 9, 10, 12, 15 + 2.

Am inneren Hauptstamm erscheinen nach der achten Armgabelung die ersten Gürtelhäkchen neben Rückenstachelchen, nach der elften Gabelung sind vollständige Häkchengürtel vorhanden.

	42	33
Durchmesser der Scheibe in mm	42	33
Zentrum bis Rippenende	27	21
Zentrum bis Interbrachialraum	10	8
Breite des weichen Interbrachialraumes	7	6—12
Armbreite vor erster Gabelung	12	7
Gesamtarmbreite nach erster Gabelung	17	10

Astrocaneum herrerai (A. H. Clark).

Astrocynodus herrerai A. H. Clark 1918, Proc. U. S. N. Mus. Vol. 54, p. 638, Taf. 96.

Unter dem Namen *Astrocynodus herrerai* beschrieb A. H. Clark 1918 eine sehr interessante neue Art aus dem Caribischen Meer bei Yucatan. Diese Art, die äußerlich die größte Ähnlichkeit mit *Astrocaneum spinosum* zeigt, ist tatsächlich nichts anderes als der atlantische Vertreter des pazifischen *A. spinosum* und gehört in die Gattung *Astrocaneum*. Soweit ich es nach der völlig erschöpfenden Beschreibung und Abbildung zu beurteilen vermag, besteht der einzige nennenswerte Unterschied zwischen beiden Arten darin, daß die Stachelkämme, die auf den proximalen Armteilen die Gürtelhäkchen vertreten, bei *A. herrerai* bis zu je 25 Stacheln auf einem Armglied enthalten können, während ich bei *A. spinosum* höchstens 9 Stacheln in einem Querkamm fand. Ferner zeigen sich solche Stachelkämme nur sehr spärlich auf der Scheibe bei *A. spinosum*, während sie bei *A. herrerai* in großer Anzahl sich über die ganze Scheibe verbreiten. Den Ersatz der Gürtelhäkchen durch Stacheln habe ich selbst 1911 p. 93 eingehend geschildert. Das wirklich Neue, was auch die neue Art so sehr interessant macht, ist die Tatsache, daß der wohlbekannte pazifische *A. spinosum* auf der atlantischen Seite des Isthmus in ihr einen Vertreter besitzt, der ihm bis auf unbedeutende Abweichungen völlig gleicht. Es ist das ja schon von zahlreichen anderen Arten, besonders auch unter den Echinodermen, wohl bekannt, die auf beiden Seiten des Isthmus in vikariierenden Formen vorkommen; es ist aber das erste Beispiel dafür unter den in den dortigen Meeren so eigentümlich entwickelten verzweigten Gorgonocephalidae.

Gattung **Astrodictyum** nov. gen.
Taf. 5, Abb. 12.

Zur gleichen Gattung *Astrocaneum*, die somit *A. spinosum* und *A. herrerai* umfaßt, hatte ich bisher auch *A. panamense* gestellt. Nunmehr scheint es mir aber angezeigt, die Gattung *Astrocaneum* auf die Arten zu beschränken, die die so charakteristischen Stachelkämme auf Scheibe und Armen besitzen, während ich die Art, der diese Merkmale fehlen, *A. panamense*, einer besonderen Gattung, **Astrodictyum** nov. gen. (τὸ δίκτυον das Netz) zuweisen möchte.

2. Familie **Trichasteridae**.

Bestimmungsschlüssel für die Gattungen der Trichasteridae.

Eine deutliche Madreporenplatte; 3 oder mehr (ausnahmsweise 2) Armstacheln . . . . *Asteronychinae* 1

Fünf Madreporenplatten, äußerlich meist gar nicht oder nur durch einzelne Hautporen erkennbar; 2 Armstacheln *Trichasterinae* 2

1 Mehr als 3 Armstacheln, mit Ausnahme der 3 inneren nur als einfache Häkchen ausgebildet; Scheibe nackt. . . . *Asteronyx* (p. 59) Genotyp: *A. loveni*

3 (2) Armstacheln, nie einfach häkchenförmig; Scheibe besonders am Rande beschuppt. *Astrodia* (p. 69) Genotyp: *A. tenuispina*

2 Arme einfach 3

Arme verzweigt; Armstacheln kurz und gleich groß . . 7

3 Arme nahe der Scheibe mit 2 seitl. Rückenkanten, gewöhnlich mit Stacheln oder Körnchen besetzt; Armstacheln kurz, gleich groß . . . *Astroceras* (p. 79) Genotyp: *A. pergamena*

Rücken der Arme gleichmäßig gerundet, ohne Stacheln Radialschilder klein, nackt, glasartig; Scheibe und Arme fein 4

4 getäfelt oder gekörnelt; Armstacheln sehr klein und ungleich *Astrocharis* (p. 77) Genotyp: *A. virgo*

Radialschilder von Haut oder Körnchen bedeckt . . . 5

5 Arme höchstens 2 mal so lang als Scheibe; wahrscheinlich Jugendform . . . *Ophiuropsis* Genotyp: *O. lymani*

Arme 7—30 mal so lang als Scheibe 6

6 Seitenplatten weit getrennt durch eine Ventralplatte; Arme und Scheibe nackt; Armstacheln kurz . . . . . . *Astrobrachion* (p. 77) Genotyp: *A. constrictus*

Seitenplatten ventral zusammenstoßend; innerer Armstachel meist verlängert . *Astrogymnotes* Genotyp: *A. catasticta* *Asteroschema* (p. 71) Genotyp: *A. oligactes* 6a

6a Scheibe u. Arme deutl. gekörnelt. Untergattung *Asteroschema* s. str.

Scheibe und Arme scheinbar oder wirklich nackt . . . Untergattung *Ophiocreas*

7 Vor der ersten Gabelung mehr als 18 Armglieder . . . 8

Vor der ersten Gabelung weniger als 10 Armglieder . . *Euryala* (p. 86) Genotyp: *E. aspera*

8 Arme nahe der Scheibe mit 2 seitlichen Rückenkanten, oft mit Stacheln oder Körnchen besetzt; Seitenplatten ventral weit getrennt . . *Trichaster* (p. 84) Genotyp: *T. palmiferus*

Rücken der Arme gleichmäßig gerundet; Seitenplatten stoßen ventral zusammen. *Sthenocephalus* (p. 82) Genotyp: *S. indicus*.

58

Unterfamilie Asteronychinae.

Unter den zahlreichen als *Asteronyx* anzusprechenden Exemplaren, die mir aus den Sammlungen des „Albatroß" von der Westküste von Amerika sowohl wie von den Philippinen vorliegen, lassen sich vier verschiedene Arten wohl unterscheiden. Eine Art, die mir sowohl von Amerika wie von den Philippinen vorliegt, vermag ich nicht von *Asteronyx loveni*, wie er bei Norwegen und bei Japan vorkommt, zu unterscheiden. Es war mir nicht möglich, ein Merkmal aufzufinden, das zur Unterscheidung der atlantischen von den pazifischen Exemplaren geeignet wäre, so wenig wie dies R. Koehler und H. L. Clark gelungen ist. Lütken und Mortensen haben vom westlichen Amerika unter dem Namen *Asteronyx dispar* eine Form beschrieben, die sich, wie sie ausdrücklich betonen, lediglich durch die ungleiche Ausbildung der Arme von der norwegischen *A. loveni* unterscheiden soll. Da genau dieselbe Ungleichheit der Arme sich aber auch bei dieser typischen *A. loveni* zeigt, wie besonders aus der schönen Darstellung von Mortensen (1912, Zeitschr. wiss. Zool. Bd. 101, p. 264) hervorgeht, so bin ich der Ansicht, daß *A. dispar* nicht von *A. loveni* zu trennen ist. Weder die Autoren selbst noch H. L. Clark, der *A. dispar* als besondere Art aufrecht hält, wußten ein anderes brauchbares Unterscheidungsmerkmal anzugeben.

Von diesem typischen *Asteronyx loveni* unterscheiden sich nun Exemplare, die mir in großer Anzahl aus westamerikanischen Gewässern vorliegen, *Asteronyx longifissus* n. sp., in auffallender Weise dadurch, daß die Bursalspalten als große, langgestreckte Spalten auftreten, die wesentlich den äußeren Teil der Interbrachialräume einnehmen, während bei den echten *A. loveni* diese Bursalspalten selbst bei sehr großen Exemplaren nur kleine, oft versteckt gelegene Öffnungen darstellen, die meist ganz auf die adorale Hälfte der Interbrachialräume beschränkt sind. Im Übrigen stimmt diese Form von *Asteronyx* durchaus mit *A. loveni* überein, vor allem in der Beschaffenheit der Arme. Die Arme älterer Exemplare sind nämlich, sobald verlängerte innere Tentakelpapillen auftreten, stets von sehr verschiedener Länge und Dicke, während jüngere Exemplare noch keine verlängerten Tentakelpapillen zeigen und etwa gleichlange Arme haben. Die neue Art zeigt aber diesen jugendlichen Zustand oft noch bei auffallend großen Exemplaren.

Zur dritten Art von *Asteronyx*, *A. luzonicus* n. sp., muß ich eine Anzahl von Exemplaren aus den Philippinischen Gewässern zählen, bei denen die Arme im Gegensatz zu den beiden anderen Arten keine auffallenderen Unterschiede in Länge und Dicke zeigen, bei denen aber schon sehr kleine Exemplare an allen fünf Armen verlängerte innere Tentakelpapillen in gleicher Weise entwickelt aufweisen. Die Bursalspalten sind bei dieser Art klein wie bei *A. loveni*.

Die vierte mir vorliegende Art stammt nur von einer einzigen Station bei den Galapagos und stellt unzweifelhaft den *Asteronyx planus* Lütken und Mortensen vor. Während aber die anderen Arten von *Asteronyx* eine größere Anzahl von Tentakelpapillen jederseits an jedem Armglied aufweisen (bei den größten meiner Exemplare bis zu 12 jederseits), zeigt *A. planus* nie mehr als drei Tentakelpapillen jederseits. Diese werden auch nie hakenförmig, während sie bei den anderen Arten stets eine einfache hakenförmige Gestalt annehmen, ohne Nebenspitze, höchstens mit Ausnahme der drei innersten, die aber nur im proximalen Teil der Arme diese hakenförmige Ausbildung nicht erfahren. Dazu zeigt

A. planus zarte Schuppen auf der ganzen Dorsalseite der Scheibe und auf den Interbrachialräumen, die besonders deutlich an der Peripherie der Scheibe werden. Ich fand mich daher veranlaßt, *A. planus* von der Gattung *Asteronyx* zu trennen. Beim Vergleich mit den Beschreibungen der *Astrodia tenuispina* Verrill aus dem Atlantik vermochte ich aber einen nennenswerten Unterschied zwischen *planus* und *tenuispina* nicht zu erkennen und halte *A. planus* nur für den pazifischen Vertreter der Atlantischen *Astrodia tenuispina*. Vermutlich wird auch *Asteronyx excavatus* Lütken und Mortensen zur Gattung *Astrodia* gehören.

Bestimmungsschlüssel der Arten der Asteronychinae.

Asteronyx: Scheibe nackt; mehr als drei Tentakelpapillen, mindestens die äußeren als einfache Haken ohne Nebenspitze ausgebildet

 a) Unterste Tentakelpapille schon bei kleinen Exemplaren an allen fünf Armen verlängert; alle Arme ungefähr gleich lang und dick; Bursalspalten klein . . . . *A. luzonicus.*

 a′) Unterste Tentakelpapille an allen (juv.) oder einigen Armen nicht verlängert, oder Arme sehr ungleich an Länge und Dicke (ad.).

  b) Bursalspalten klein, wesentlich auf die adorale Hälfte des Interbrachialraums beschränkt . . . . . . *A. loveni*

  b′) Bursalspalten langgestreckt, größtenteils in der aboralen Hälfte des Interbrachialraums liegend . . . . . . *A. longifissus*

Astrodia: Scheibe mit runden Schuppen bedeckt; höchstens drei Tentakelpapillen, nie hakenförmig, mit mindestens zwei Endspitzen noch am Armende

 a) drei Tentakelpapillen; Atlantisch . . . . . . *A. tenuispina*

 a′) drei Tentakelpapillen; Ost-Pazifisch

  b) Bursalspalten klein . . . . *A. plana*

  b′) Bursalspalten lang . . . . *A. excavata*

 a″) zwei Tentakelpapillen; Australisch . . . . . . *A. bispinosa*

Asteronyx loveni Müller u. Troschel
Taf. 7, Fig. 7—7a, 8

Asteronyx loveni Müller und Troschel 1842, System der Asteriden, p. 119.
 „ „ Sars 1861, Norg. Echin., p. 5, Taf. 1, Fig. 1—5.
 „ „ Th. Mortensen 1912, Über *Asteronyx loveni* M. Tr., Zeitschr. wiss. Zool., Bd. 101, p. 264, Taf. 14—18.
Asteronyx locardi Koehler 1896, Res. scient. „Caudan"; Ann. Univers. Lyon. Fasc. 1., Échinodermes, p. 88, Taf. 3, Fig. 25.
 „ „ Mortensen 1912, Über *Asteronyx loveni*, p. 285.

Asteronyx dispar Lütken u. Mortensen 1899, Mem. Mus. Comp. Zool., Vol. 23, p. 185, Taf. 21, Fig. 1—2; Taf. 22, Fig. 10—12.

Asteronyx dispar und *loveni* H. L. Clark 1913, Echinoderms from lower California, Bull. Amer. Mus. Nat. Hist. New York, p. 218 u. 219.

Station 2793

Station 2923 of Point Loma, San Diego, California, 822 fath., green mud.

Station 2928 Southern California, 32° 47′ 30″ N, 118° 10′ W, 417 fath., black Sand and Gravel. Temp. 41° F.

Station 3345 Washington (state), 45° 39′ N, 124° 53′ W, 759 fath., green Mud, Temp. 37.3° F.

Station 3787 Punta Gorda, 39° 48′ 20″ N, 124° 47′ 15″ W, 754 fath., fine Sand, green Mud, Temp. 50° F.

Station 5299 China Sea, 20° 05′ N, 116° 05′ E, 524 fath., gray Mud, Sand; Temp. 42, 5° F.

Station 5605 Celebes, Gulf of Tomini, Dodepo Id., 0° 21′ 33″ N, 121° 34′ 10″ E., 647 fath.

Station 5637 Bouro Id., Amblau Id., 3° 53′ 20″ S, 126° 48′ E, 700 fath., gray Mud.

Station 5648 Buton Strait, North Id., 5° 35′ S, 122° 20′ E, 559 fath., green Mud.

Bei den kleinsten Exemplaren von *A. loveni* bis etwa 12 mm Scheibendurchmesser, mitunter bei noch größeren Exemplaren bis zu 21 mm sind die Arme noch ungefähr gleich, und die unterste Tentakelpapille zeigt noch nirgends die charakteristische Verlängerung der reifen Arme. Bei größeren Exemplaren mit einem Scheibendurchmesser von 24—35 mm, mitunter schon bei 13 mm finden sich fast stets zwei, seltener drei der Arme verlängert und in ihrem mittleren Teil verbreitert und mit wohlentwickelten, verlängerten inneren Tentakelpapillen versehen, während die übrigen Arme kürzer und schlanker bleiben und keine verlängerten Tentakelpapillen zeigen. Solche Exemplare mit sehr ungleich entwickelten Armen dürften es sein, die von Lütken und Mortensen, sowie von H. L. Clark als *Asteronyx dispar* bezeichnet wurden. Einen Unterschied von *A. loveni*, wie diese Art besonders von Mortensen 1912 genauer beschrieben worden ist, konnte ich aber nicht feststellen. Man kann die pazifischen Exemplare mit dem Namen *A. loveni dispar* als Lokalform gegenüber den von ihnen nicht unterscheidbaren typischen atlantischen *A. loveni* bezeichnen.

Unter den größten Exemplaren von 36—47 mm Scheibendurchmesser fand ich, daß gewöhnlich alle Arme die verlängerten Papillen tragen, aber zwei oder drei der Arme waren auffallend länger und dicker mit wohlentwickelten kräftigen Papillen, die anderen Arme aber kürzer und schlanker mit dünneren und zarteren verlängerten Papillen. Es scheint, daß alle fünf Arme bei entsprechender Größe eines Exemplars den reifen, voll entwickelten Zustand erreichen können, aber erst nach und nach, zuerst nur zwei, denen später ein dritter und vierter folgen kann, zuletzt aber alle fünf. Doch kenne ich kein großes Exemplar aus dem Pazifik, bei dem an allen fünf Armen die verlängerten Papillen die gleiche volle Entwicklung zeigen, und bei denen alle Arme in gleicher Weise stark verdickt und verlängert sind, obwohl meine größten Exemplare aus dem Pazifik diesem Zustand nahekommen. Ein norwegisches Exemplar von Stavanger mit 32 mm Scheibendurchmesser zeigt aber alle fünf Arme in gleicher Weise mit langen Papillen versehen, doch sind die Arme unvollständig, so daß nicht mehr festzustellen ist, ob sie auch die gleiche Länge zeigen; ein anderes Exemplar von Stavanger von nur 19 mm zeigt an drei Armen lange Papillen, an einem vierten etwas kürzere, aber immerhin deutlich verlängerte, während der fünfte Arm an der Scheibe abgebrochen ist.

Die relative Länge der Arme schwankt außerordentlich. Während die Armlänge bei jungen Exemplaren nur das vier- bis fünffache des Scheibendurchmessers (8 mm) erreicht, kann sie bei den großen Armen an großen Exemplaren 17—18 mal so lang werden, wobei die kleineren Arme nur etwa das 13 fache erreichen (24—36 mm Scheibendurchmesser).

Die Verlängerung der inneren Tentakelpapille beginnt in der Regel zwischen dem
26. und 43. Armglied, selten vorher, etwa beim 14. Glied. Bei norwegischen Exemplaren
von *A. loveni* beobachtete ich sie in einem Fall schon vom siebenten, bei anderen Exemplaren schon vom zehnten oder elften Armglied an. Das letzte Drittel der Arme etwa
zeigt in der Regel keine verlängerten Papillen mehr, doch kommen in dieser Hinsicht
außerordentliche Verschiedenheiten vor. Die Zahl der mit verlängerten Tentakelpapillen
versehenen Armglieder kann an den langen Armen großer Exemplare über 200 erreichen;
andererseits findet man Arme mit nur vier bis sechs derartigen Armgliedern, bei denen
die durch die Verlängerung der Papillen gekennzeichnete Reife der Arme offenbar erst
beginnt. Mit dem Größerwerden der Arme nimmt auch die Zahl solcher Armglieder zu.

Die erste Tentakelpapille stellt sich in der Regel schon beim zweiten Armglied ein,
seltener erst beim dritten, höchst selten beim vierten oder gar schon beim ersten. Nach
längeren oder kürzeren Intervallen gesellen sich allmählich die weiteren Papillen dazu, bis
bei großen Exemplaren ein Maximum von zwölf Tentakelpapillen an einer Seitenplatte
beobachtet werden kann. Doch sinkt und steigt die Zahl oft unregelmäßig bei aufeinanderfolgenden Gliedern. Gegen das Ende der Arme zu nimmt die Zahl wieder etwas ab. Wie
schwankend übrigens das Auftreten der Tentakelpapillen ist, zeigen folgende Beispiele bei
drei Arten von *Asteronyx* und bei *Astrodia plana*. Die erste Zahl gibt die Nummer des Armglieds an, an dem die erste Tentakelpapille erscheint, die folgenden Zahlen die Nummer, bei
denen eine zweite, dritte, vierte usw. Papille zum ersten Male auftritt. Am Schluß ist die
Maximalzahl der in einem Kamm stehenden Papillen angegeben, die an dem betreffenden
Arm beobachtet wurde. In Klammer () ist die Nummer des Armgliedes angegeben, bei dem
zum ersten Male eine verlängerte Papille erscheint, bei der zweiten Klammer zum
letzten Mal.

Bei *Asteronyx loveni* mit einem Scheibendurchmesser von:

5 mm: 2, 4, 9, 13 — 4.
8 mm: {2, 3, 7, 9, 13 — 5.
{1, 4, 5, 11, 18 — 5.
10 mm: 2, 4, 5, 6, 8, 10 — 6.
16 mm: 2, 4, 10, 25, 31 — 5.
2, 5, 13, 29 (35), 46 (105) — 5 (6).
17 mm: 2, 5, 9, 30 (35), 39, 48 — 7.
21 mm: 2, 5, 8, 15, 23 (30), 34 — 9.
28 mm: 2, 4, 6, 8, 9, 12, 14, 22 (30), 38 — 9.
29 mm: 2, 4, 6, —, 7, 8, 11, 13, 38 — 9.
2, 4, —, 7, 8, 9, 12, 18 (27) (132) — 8.
35 mm: 2, 4, 7, 16, 19, 20, 31, 58 — 8 (9).
2, 5, 8, 21, 26, 43 (43), 64 (240) — 7—9 [400 Armglieder].

Bei *Asteronyx longifissus* von Station 3198:
17 mm: {2, 8, 21, 32 — 4.
{3, 9, 21, 33 — 4.
24 mm: {3, 9, 11, 24, 42, 45, 60 — 6.
{3, 8, 13 (20), 43, 60, 86 — 6.

27 mm: $\begin{cases} 3, \ 11, \ 22, \ 31, \ 37, \ 41, \ 56 \ -\!\!- \ 7. \\ 3, \ 12, \ 25, \ 31 \ (31), \ 45, \ 64, \ (80) \ - \ 6. \end{cases}$

30 mm: 3, 6, 8, 17 (26), 31, 46, 50 — 7—8.

Von Station 2892:

22 mm: 2, 6, 11, 24, 40 — 5.

26 mm: 2, 10, 26, 35, 47 — 5 (6).

31 mm: 2, 6, 13, 26, 31 (35), 39 — 6 (7).

Bei *Asteronyx luzonicus* von Station 5114.

12 mm: $\begin{cases} 2, \ 3, \ 5, \ 7, \ 10, \ 17 \ (25) \ - \ 6. \\ 1, \ 3, \ 6, \ 10, \ 11, \ 16 \ (24) \ - \ 6. \end{cases}$

21 mm: $\begin{cases} 2, \ 4, \ 6, \ 7, \ 8, \ 17 \ (23) \ - \ 7. \\ 2, \ 4, \ 6, \ -\!\!-, \ 7, \ 14, \ 15 \ (23) \ - \ 7 \ (8). \end{cases}$

Von Station 5506:

17 mm: $\begin{cases} 4, \ 6, \ 9, \ 12, \ 15 \ (15), \ 18, \ 27 \ - \ 7. \\ 4, \ 7, \ 9, \ 12 \ (12), \ 14, \ 16, \ 31 \ - \ 7. \end{cases}$

Bei *Astrodia plana*:

17 mm: 4, 7, 24 (25) — 3.

12 mm: 3, 8, 21 (22) — 3.

8.5 mm: 3, 6, 22 (23) — 3.

Die Tentakelpapillen sind an den ersten Armgliedern alle opak und kegelförmig mit rauhem Ende. Sehr bald werden die Rauhigkeiten am Ende zu kurzen Dornen, dann wird das Ende der Papille an einem der nächsten Armglieder etwas komprimiert, und die Dornen sind einseitig der Mittellinie des Armes zugewendet. Diesen Zustand behält besonders die verlängerte erste Papille an einem Papillenkamm. Bei der zweiten und dritten Papille oder, wenn eine verlängerte Papille nicht vorhanden ist, auch an der ersten Papille eines Kammes, wird bald zuerst das Ende der Papille glasartig und glänzend, nach und nach zeigt die ganze Papille oberhalb ihrer Basis diesen Zustand. Unter der etwas hakenförmig nach innen gebogenen Endspitze der Papille stehen noch mehrere (bis fünf) lange Seitenspitzen, so daß die Papille einer Säge mit langen Zähnen ähnelt. Die innerste der Papillen in einem Kamm ist die größte und zeigt die größte Zahl von Seitenspitzen, die äußerste von den dreien ist die kleinste mit der geringsten Zahl von Seitenspitzen. Bei den folgenden Armgliedern nimmt die Zahl der Seitenspitzen an den drei innersten Papillen eines Kammes mehr und mehr ab, bis erst die dritte, dann die zweite und zuletzt die erste und innerste Papille nur noch einen einfachen, kräftig gebogenen Haken ohne jede Seitenspitze darstellt. Nur wenn die innerste Papille sich verlängert, nimmt sie an dieser Veränderung nicht Teil; sobald sie die Verlängerung aber aufgibt in den äußeren Teilen eines Armes, nimmt sie, mitunter ganz unvermittelt, die Gestalt eines einfachen Hakens ebenso an wie die übrigen Papillen des Kammes.

Die vierte Papille eines Papillenkammes und ebenso jede weitere tritt bereits bei ihrem ersten Erscheinen als einfacher Haken von glasiger Beschaffenheit ohne Seitenspitze auf. In den äußeren Teilen eines Armes findet man daher an den Seitenplatten entweder nur Papillenkämme mit lauter einfachen Haken von gleicher Größe oder eine verlängerte Papille mit einem derartigen Häkchenkamm an der Seite.

So fand ich bei einem Exemplar von *A. longifissus*, der sich in dieser Beziehung von *A. loveni* nicht unterscheidet, an einem Arm ohne verlängerte Papille (24 mm Scheibendurchmesser) am 26. Armglied die innerste der drei vorhandenen Papillen hakenförmig mit drei Seitenspitzen, die zweite mit zwei und die äußerste nur mit einer Seitenspitze. Am 28. Glied besaß auch die innerste Papille nur zwei Seitenspitzen, und außerdem war eine vierte Papille dazugekommen in Gestalt eines einfachen Hakens. Am 42. Glied war nur noch die innerste Papille mit einer Seitenspitze versehen, daneben vier einfache Haken, vom 54. Glied ab waren alle vorhandenen fünf Haken ohne Seitenspitze; vom 67. Glied ab gesellte sich noch ein weiteres Häkchen dazu.

Im Gegensatz zu den Gürtelhäkchen der *Gorgonocephalidae*, die öfter an einem Arm überall die gleiche Größe behalten, werden die Tentakelhäkchen stets an den äußeren Teilen der Arme immer kleiner.

Größere getrocknete Exemplare von *A. loveni* von den Philippinen zeigen häufig auf den weichen Interbrachialräumen und den Intercostalräumen der Scheibe zahlreiche runde oder gestreckte schwarze Flecken, die aber andren Exemplaren vollständig fehlen. Bei den westamerikanischen Exemplaren zeigen sich seltener Spuren einer solchen Fleckenzeichnung, die in ähnlicher Ausbildung übrigens auch bei den andren pazifischen Arten von *Asteronyx* zu beobachten ist. Ich vermochte aber festzustellen, daß diese schwärzlichen Flecken mit der Gegenwart der Gonaden zusammenhängen, die bei größeren, geschlechtsreifen Exemplaren in getrocknetem Zustand eine tiefschwarze Farbe zeigten, die dann durch die dünne durchsichtige Haut durchscheint. Unreife Exemplare lassen diese Fleckenzeichnung gar nicht oder nur undeutlich erkennen, ebenso die in Alkohol oder Formol liegenden Exemplare.

Alle von mir zu *A. loveni* gestellten Exemplare zeigen die kleinen, mitunter ganz versteckt liegenden Bursalöffnungen, die auf die adorale Hälfte der weichen Interbrachialräume beschränkt sind, und die oft nur eine fast kreisrunde kleine Öffnung darstellen, während sie in andren Fällen etwas gestreckt und spaltförmig erscheinen. Von ähnlicher kreisrunder Gestalt fand ich sie auch bei den wenigen Exemplaren, die mir von Norwegen und Japan vorliegen. Auch *A. dispar* zeigt nach Lütken und Mortensen diese kleinen Bursalöffnungen. Die Länge der Bursalspalten beträgt meist nur 1—2 mm, selbst bei den größten Exemplaren werden sie fast nie länger als 3 mm. Sie reichen gewöhnlich nicht über das zweite Armglied hinaus, hie und da bis zum 3. Armglied.

Maße von **Asteronyx loveni**.

Station	2923	3787		5648	5605		Ja-pan	Norwegen	
Größter Durchmesser der Scheibe in mm	47	35	16	8	29	20	—	20	32	19
Zentrum bis weicher Interbrachialraum	9	6	2.8	2	6	5	—	3.3	4	3
Länge einer Bursalspalte	3	3(4)	1.3	1	1.8	0.8	—	1	1	0.8
Bursalspalte endet neben Armglied Nr.	2	3	3	2	2	2	—	2	2	2
Radialschild endet über Armglied Nr.	7	7	5	3	6	4	—	6	8	5
Größte Armlänge / Scheibendurchmesser		17	10	6	14	12	—	8		
Kleinste Armlänge / Scheibendurchmesser		13	7—8	$3^{1}/_{2}$	$9^{1}/_{2}$		—			
Breite an der Basis der großen Arme	6	5.3	2.8	1.4	5	3.7	—	3	5	4
Breite an der Basis der kleinen Arme	6	3.5	2	1.4	4		—		4	3
Größte Breite eines großen Armes	9	7	3	1.4			—			
Zahl der Arme mit langen Papillen	5	2	2	0	2	0	—	3	5	3+1

Asteronyx luzonicus nov. sp.
Taf. 7, Fig. 4—6d

Station 5114 Balayan Bay and Verde Id. Passage, Sombrero Id., 13⁰ 36′ 11″ N, 120⁰ 45′ 26″ E, 340 fath., fine Sand.

Station 5388 Between Burias and Luzon, Bagatao Id., 12⁰ 51′ 30″ N, 123⁰ 26′ 15″ E, 226 fath., soft green Mud; Temp. 51.4⁰ F.

Station 5506 Northern Mindanao, Macabalan Pt., 8⁰ 40′ N. 124⁰ 31′ 45″ E, 262 fath., green Mud; Temp. 52.8⁰ F.

Station 5621 Makyan Id. 0⁰ 15′ N, 127⁰ 24′ 35″ E, 298 fath., gray and black Sand.

Von mehreren Fundorten aus der Umgebung der Philippinen liegen mir eine Anzahl Exemplare von *Asteronyx* von geringerer Größe vor, die derartig mit *A. loveni* übereinstimmten, daß ich sie zunächst unbedenklich zu dieser Art gestellt hatte. Sie zeigten besonders die verhältnismäßig bedeutende Armlänge von *A. loveni* sowie deren kleine Bursalspalten. Bei näherer Untersuchung stellte sich aber die überraschende Tatsache heraus, daß sie trotz ihrer geringen Größe (12—22 mm Scheibendurchmesser) an ihren sämtlichen Armen wohlentwickelte verlängerte innere Tentakelpapillen besaßen. Selbst ein Exemplar von nur 9 mm Scheibendurchmesser zeigt die innere Tentakelpapille an allen Armen bereits deutlich länger als die äußeren Papillen, wenn auch noch nicht so ausgesprochen, wie das bei allen größeren Exemplaren der Fall ist. Bei *A. loveni* können ja auch schon Exemplare von etwa 12 mm Scheibendurchmesser eine deutliche Verlängerung dieser Papillen aufweisen, sie bleibt aber auf 2, höchstens 3 Arme beschränkt und kann frühestens bei einem Scheibendurchmesser von etwa 20 mm auf alle Arme übergreifen. In Zusammenhang damit sind diese Arme aber auch von sehr verschiedener Länge, und die Teile der Arme, in denen verlängerte Papillen vorhanden sind, sind auffallend verbreitert. Das gilt sowohl für die atlantischen wie die pazifischen Exemplare von *A. loveni*. Bei den Exemplaren der neuen Art von den Philippinen sind die Arme aber kaum verschieden an Länge, und das Vorhandensein der verlängerten Papillen ist nicht mit einer Verbreiterung der Arme verbunden, die im Gegenteil ihrer ganzen Länge nach sehr schmal erscheinen.

Die verlängerten Papillen sind zart und schlank, etwa so lang wie ein Armglied, und es ist auffallend, wie sie vielfach der Längsrichtung der Arme entsprechend paarweise parallel zu einander in der Längsrinne liegen, die auf der Unterseite der Arme zwischen den vorragenden Seitenplatten sich bildet. Bei den anderen Arten von *Asteronyx* liegen die verlängerten Papillen in der Regel quer zur Längsrichtung der Arme und erreichen oft die doppelte Länge eines Armglieds.

Es ist kein Zweifel, daß auf Grund dieses einzigen Merkmals diese Form von *Asteronyx* als besondere und sicher unterscheidbare Art betrachtet werden muß. Getrocknet zeigen die Exemplare besonders auffallend die dunklen, oft schwarzen Flecken auf der Scheibe, die ich bei geschlechtsreifen Exemplaren der anderen Arten der Gattung beobachtete.

Von anderen Stationen in den philippinischen Gewässern liegen mir auch unzweifelhafte Vertreter von *A. loveni dispar* vor, die nicht zu unterscheiden sind von denen der amerikanischen Westküste.

Maße von **Asteronyx luzonicus**.

Station	5114			5388	5506
Größter Durchmesser der Scheibe	21	12	9	19	17
Zentrum bis weicher Interbrachialraum	4	3	2	4	3.5
Länge einer Bursalspalte	2	1	1	3	1
Bursalspalte endet neben Armglied Nr.	1/₂3	2	1/₂2	3	2
Radialschild endet über Armglied Nr.	6	4	3	5	5
Armlänge/Scheibendurchmesser	11	8	6½	9	9
Breite an der Basis eines Armes	3	1.8		3	2.8
Zahl der Arme mit langen Papillen	5	5	(5)	5	5

Asteronyx longifissus nov. sp.
Taf. 7, Fig. 1—3

Station 2891 Point Conception, Oregon, 233 fath., Mud.
Station 2892 Santa Barbara Channel, California, 284 fath., yellow Mud.
Station 2893 Santa Barbara Channel, California, 145 fath., fine gray Sand, Mud.
Station 2919 Cortes Bank, San Diego, 984 fath , gray Mud.
Station 2925 San Diego, California, 339 fath., Mud.
Station 2927 San Diego, California, 313 fath., green Mud.
Station 2960 Southern California, 34⁰ 10' 45'' N, 120⁰ 16' 45'' W, 267 fath., green Mud, Temp. 48⁰ F.
Station 2979 Anacapa Isl., South California, 388 fath., green Mud.
Station 3198 Central California, 34⁰ 19' 25'' N, 120⁰ 38' 30' W, 278 fath., green Mud, Temp. 42.1⁰ F.
Station 3200 Santa Barbara Channel, California, 265 fath., green Mud.
Station 3201 California, 34⁰ 14' 45' N, 119⁰ 54' W, 280 fath., green Mud, Temp. 42.9⁰ F.

Die Oberseite der Scheibe eines Exemplars von Station 3200 (25 mm Durchmesser) ist flach und wie auch die ganzen Arme von dünner, völlig nackter Haut bedeckt, durch die das Skelett deutlich durchscheint. Man erkennt darunter die 10 großen bandförmigen Radialschilder, deren Oberfläche flach und etwas runzelig ist, die auch nicht rippenartig vorspringen. Sie erscheinen als schmale lange Bänder, die in einiger Entfernung vom Zentrum beginnen und bis zum Rand der Scheibe reichen. Sie schieben diesen zu beiden Seiten der Arme noch beträchtlich vor, indem jedes Radialschild längs der Basis des Armes einen stempelförmigen Fortsatz zeigt, der mit einer senkrecht abgestutzten runden bis quadratischen Fläche endet, wie das bei den Radialschildern der Euryalae in der Regel zu beobachten ist. Die Radialschilder sind etwas unregelmäßig ausgebildet, in der Mitte wenig breiter als an den Enden, durch breite häutige Zwischenräume voneinander getrennt. Der Rand der Scheibe ist zwischen den Radialschildern tief eingebuchtet. Der zwischen den Radialschildern liegende Teil der Arme hat etwa die Breite eines dieser Schilder.

Von unten gesehen ist wenig von den Fortsätzen der Radialschilder zu sehen, da der der Scheibe angehörige Teil der Arme sehr breit ist. Die Fortsätze erstrecken sich bis zum 8. Armglied. Die großen Interbrachialräume sind nackthäutig. Nur längs ihres Innenrandes zeigen sich einige unregelmäßig zerstreute kleine Plättchen. Die Bursalspalten sind lang, beginnen nicht vor dem zweiten Armglied und enden mit dem vierten bis fünften Armglied. In ihrem distalen Teil sind die Bursalspalten adradial begrenzt von den langen

Genitalspangen, gegen den Interbrachialraum zu von den kürzeren, aber immer wohlentwickelten Genitalschildern, die mit den Genitalspangen meist an deren aboralem Ende
zusammenhängen, mitunter aber etwas in adoraler Richtung verschoben sind. Bei *A. loveni*
werden diese Genitalschilder rudimentär und man findet ihre Reste nahe dem adoralen
Ende der Genitalspangen an der äußeren Grenze der kleinen Genitalspalten.

Das innere Ende der Kiefer ist buckelförmig erhoben. Die äußersten Zähne sind
von Zahnpapillen kaum zu unterscheiden, da sie bald paarig bald unpaar auftreten. Auch
die Mundpapillen sind sehr unregelmäßig, vier bis fünf in einer Reihe, über der noch
einzelne Mundpapillen einer inneren zweiten Reihe sich zeigen können; in der äußeren
Hälfte der Mundwinkel fehlen sie meist ganz. Die Mundeckstücke eines Paares klaffen
nach außen etwas. Außerhalb dieser von Haut bedeckten Spalte stoßen die beiden ziemlich
großen Seitenmundschilder zusammen, und an deren äußerstem Rand ist mehr oder weniger
deutlich das kleine meist dreieckige Mundschild zu erkennen, das hier den Außenrand des
harten Mundskelettes bildet. Eines dieser Mundschilder zeigt über seinem Außenrand den
Madreporiten, der wenige grobe Poren zeigt und etwas in den weichen Interbrachialraum
vorspringt.

Die Arme sind von verschiedener Länge, von drei bis fünffacher Länge des Scheibendurchmessers. Sie verjüngen sich ganz gleichmäßig bis zu ihrem nahezu spitzen Ende
und zeigen nur am äußersten Ende eine geringe Neigung, sich ventralwärts einzurollen.
Die Arme sind dorsal stark gewölbt, unten völlig flach, von halbkreisförmigem Querschnitt,
überall nackthäutig. Die Seitenschilder springen jederseits an der scharfen Außenkante der
Arme lappenförmig hervor und tragen auf der freien Kante knotenförmige Gelenkvorsprünge
für eine entsprechende Zahl von Tentakelpapillen. Die Armtentakel sind auf der Scheibe
ziemlich groß. Neben der dritten Armtentakel erscheint die erste Tentakelpapille, etwa
bei der achten Tentakel je zwei Papillen, bei der 16. Tentakel etwa je drei Papillen,
weiter außen vier, öfter auch fünf und mehr Papillen. Im Anfang sind die Papillen gerade mit
spitzem dornigen Ende, weiter außen werden sie hakenförmig und glasartig mit mehreren
Nebenspitzen, bald zeigen die äußersten der in einem Kamm beisammenstehenden Tentakelpapillen nur einen Endhaken ohne Nebenspitze, und in den äußeren Teilen der Arme sind
nur noch derartige Tentakelhäkchen ohne Nebenspitze in einem Kamme vorhanden. Je
näher dem Ende der Arme, um so kleiner werden die Tentakelhäkchen.

In der Regel ist die innerste Tentakelpapille eines Kammes nicht besonders verlängert,
obschon sie in den proximalen Teilen des Armes die äußeren Papillen an Größe etwas
übertreffen. Bei einzelnen Individuen, keineswegs bei allen größeren, findet sich aber wie
bei *Asteronyx loveni* auf einer Strecke der größten Arme jeweils die innerste Papille eines
Papillenkammes stabförmig verlängert.

Die anscheinend nackte Haut, die die Scheibe und die Arme bedeckt, enthält im
Inneren überall kleinere oder größere zarte gitterförmige Kalkplättchen, die besonders auf
den Armen sehr zart sind. Das Gitter besitzt kleine sehr regelmäßige Maschen.

Die Radialschilder sind sehr verschiedenartig ausgebildet, nicht nur an verschiedenen
Individuen, sondern auch an demselben Exemplar von sehr verschiedener Gestalt und Größe.
Meist sind sie ausgesprochen bandförmig, in ihrer ganzen Länge fast gleich breit, durch
weite Zwischenräume von einander getrennt, und im Zentrum der Scheibe bleibt eine kreis-

förmige Stelle frei von ihnen. Öfter sind sie aber etwa in der Mitte ihrer Länge etwas verbreitert; in extremen Fällen sind sie in der Mitte viel breiter als an den Enden und können sich längs ihrer ganzen Ränder einander fast berühren, so daß die häutigen Zwischen- räume zwischen ihnen aufs äußerste zusammenschrumpfen und auch im Zentrum der nackte Kreis verschwindet. Dann ist die Oberfläche der Scheibe fast völlig bedeckt von den Radialschildern.

Die Ränder der Radialschilder sind stets sehr unregelmäßig und erwecken den Ein- druck, daß die Radialschilder aus zahlreichen rundlichen Schüppchen verwachsen sind. Dieser Eindruck wird noch vertieft durch die runzelige Oberfläche der Radialschilder. An kleinen Exemplaren wird die Zusammensetzung aus kleinen Schuppen ganz besonders deutlich.

An kleinen Exemplaren findet man auch um die Basis der äußeren Mundtentakel zwei bis drei deutliche Tentakelschuppen angelegt, die bei größeren Exemplaren keine Spur mehr hinterlassen.

Die weichen Interbrachial- und Interkostalräume sind bei trockenen Exemplaren meist dunkel gefleckt infolge der durchscheinenden Gonaden.

Während nun die zahlreichen Exemplare verschiedener Größe (12 bis 30 mm Scheiben- durchmesser), die von Station 3200 stammen, übereinstimmend das hier beschriebene Aus- sehen hatten und eine niedrige flache Scheibe mit relativ kurzen Armen zeigten, die wie bei den meisten Ophiuroidea sich wesentlich in der Ebene der Scheibe krümmten und nicht einrollbar erschienen, stellte sich heraus, daß an anderen Fundorten, von denen die gleiche Form in großer Anzahl vorlag, auch Exemplare vorhanden waren, deren Arme wie bei anderen Euryalae mehr oder weniger stark eingerollt waren. Deren Arme waren zum Teil auch beträchtlich länger (bis 13mal so lang als die Scheibe), und außerdem fand sich auch öfter die Scheibe polsterartig aufgebläht mit mehr oder weniger stark gewölbter Rücken- seite, auf der auch die Rippen deutlich vorspringen konnten. Dabei waren auch die Arme auffallend verschieden an Länge und Dicke, und am mittleren Abschnitt der zwei oder drei dickeren Arme war stets die unterste Tentakelpapille stabförmig verlängert. Solche Exem- plare, die zum Teil einen geringeren Scheibendurchmesser (22—31 mm) hatten als die größeren der oben beschriebenen Form, glichen fast in jeder Beziehung typischen großen Exemplaren von *A. loveni*. Auch die Anzahl der Tentakelpapillen kann bis auf neun an einem Kamm einer Seitenplatte steigen. Bei den größten Exemplaren von 26—35 mm zeigen öfter auch die kleineren und dünneren Arme etwas verlängerte Tentakelpapillen.

Sie unterscheiden sich von *A. loveni* lediglich dadurch, daß sie lange schlitzartige Bursal- spalten zeigen, die erst neben dem zweiten Armglied beginnen und bis zum vierten oder fünften Armglied reichen, und deren distales Ende dem distalen Ende der Radialschilder und Genital- spangen viel näher liegt als dem unpaaren Mundschilde an der inneren Grenze der weichen Interbrachialräume. Bei *A. loveni*, bezw. der Form, die diese Art im Pazifik vertritt, sind die Bursalspalten auffallend kurz, beginnen stets neben dem ersten Armglied und reichen nicht über das dritte Armglied hinaus. Ihr distales Ende ist dem unpaaren Mundschild viel näher als dem äußeren Ende der Radialschilder, nur ausnahmsweise gleichweit von beiden entfernt (Station 2891). Auch erstrecken sich die Radialschilder bei *A. loveni* nur bei großen Exemplaren über das fünfte Armglied hinaus, während sie hier schon bei mittelgroßen Exemplaren bis zum Ende des 6., bei großen sogar bis zum 7. oder 8. Armglied reichen.

68

Zwischen den Exemplaren mit aufgeblähter Scheibe, verlängerten Papillen und sehr ungleichen Armen und denen mit flacher Scheibe, kurzen Papillen und gleichen Armen finden sich alle Übergänge, und sie verhalten sich zu einander offenbar wie *A. loveni* zu *A. locardi*. Die letzteren Exemplare dürften unreife Individuen darstellen, während die anderen wohl die reifen fortpflanzungsfähigen Exemplare bilden. Der Zustand der Reife wird aber oft schon von Exemplaren mit ziemlich kleiner Scheibe erreicht, während andrerseits Exemplare mit einem Scheibendurchmesser von 30 mm noch auf dem unreifen Zustand verharren können.

Bei *A. loveni* sind in der Regel ziemlich frühzeitig schon mehrere Arme mit verlängerten Papillen ausgerüstet (schon bei 13 mm Scheibendurchmesser), bei den größten alle Arme; allerdings sind sie bei zwei oder drei Armen dann viel länger und kräftiger als bei den anderen. Bei kleineren Exemplaren (bis 23 mm) der neuen Art zeigen sich noch alle Arme ohne Verlängerung der untersten Papille, und selbst Exemplare mit 30 mm Scheibendurchmesser zeigen dieses Merkmal mitunter noch nicht.

Bei Exemplaren von *A. loveni* fand ich Armlängen von 13—17 Scheibendurchmessern (Sch. = 36 mm), bei der neuen Art höchstens von 7—9 Scheibendurchmessern (Sch. = 31 mm), sehr selten länger. Doch finden sich bezüglich der Armlänge sehr große Schwankungen innerhalb der beiden Arten, und es kommen bei der neuen Art auch Arme von 13 Scheibendurchmesser zur Beobachtung.

Die erste Tentakelpapille erscheint am zweiten oder dritten Armglied. Es ist interessant festzustellen, daß die Exemplare derselben Lokalität sich in dieser Beziehung oft übereinstimmend verhalten. Bei den Exemplaren von Station 2892 und 2979 stellt sich die Tentakelpapille in der Regel schon am zweiten Glied ein, bei denen von Station 3198 in der Regel erst am dritten Glied. Zwei Tentakelpapillen neben einander treten nicht vor dem sechsten Glied auf, meist erst vom neunten bis zwölften an. Die vierten wie die folgenden Tentakelpapillen sind wie bei *A. loveni* von ihrem ersten Auftreten an als einfache glasartige Haken ohne Nebenspitze ausgebildet.

Maße von **Asteronyx longifissus**

Station	2892			3198				32(0)			
Größter Durchmesser der Scheibe	31	26	23	29	26	25	17	30	25	22	13
Zentrum bis weicher Interbrachialraum	5	4.6	4.3	5.5	4.5	5	4	5.5	4.5	4.7	3
Länge einer Bursalspalte	5	3	3	4	4	3	2.1	6	4	3.3	2.3
Bursalspalte endet neben Armglied Nr.	4	4	1/25	4	4—5	4	3	5	4—5	4	3
Radialschild endet über Armglied Nr.	7	7	6	8	6	6	5	8	7	6	4
Größte Armlänge / Scheibendurchmesser	8½	5½	5½	10	7	13	4½	4½	4½	5	3½
Kleinste Armlänge / Scheibendurchmesser	6½				5	6½				3½	3
Breite an der Basis eines großen Armes	4	3.3	3	4.5	3.3	3.5	3	4.3	3	2.8	2.4
Größte Breite eines großen Armes				6		4.5					
Zahl der Arme mit langen Papillen	4	0	0	3+?	2	3	0	0	0	0	0

Astrodia plana (Lütken und Mortensen).
Taf. 8, Fig. 1—2 d.

Asteronyx plana Lütken und Mortensen 1899, Mem. Mus. Comp. Zool., Vol. 23, p. 186, Taf. 21, Fig. 3—4;
Taf. 22, Fig. 7—9. Golf v. Panama, 2132—3147 m.

Station 2818 Galapagos Isl., 0° 20′ S, 89° 54′ 30″ W, 392 fath., white and black Sand, Temp. 43.9° F.

Durchmesser der Scheibe . . .	17 mm	12 mm
Höhe der Scheibe	5.5 „	3 „
Zentrum bis weicher Interbrachialraum	4 „	3 „
Zentrum bis Ende eines Radialschildes .	9 „	6 „
Radialschild reicht bis zum Armglied Nr.	5 „	4 „
Länge einer Genitalspalte . . .	2 „	1 „
Länge eines großen Armes . . .	179 „	120 „
Länge eines kleinen Armes . . .	115 „	97 „
Höhe eines Armes nahe der Scheibe .	2.2 „	1.5 „
Breite eines Armes nahe der Scheibe .	2.8 „	2 „

Die Scheibe von Alkoholexemplaren ist ziemlich aufgebläht, in trockenem Zustand oben flach, in der Mitte etwas eingesunken. Die Radialschilder ragen nicht rippenartig vor, sind aber durch die dünne Haut vollkommen sichtbar. Sie reichen bis zum fünften, bei kleinen Exemplaren bis zum dritten Armglied. Sie bilden schmale Dreiecke, deren Spitze gegen das Zentrum gerichtet ist, das sie nicht erreichen. Sie stoßen paarweise in ihrer inneren Hälfte fast zusammen, klaffen aber gegen die Arme zu weit auseinander. Die Paare sind interradial ziemlich weit getrennt. Die Scheibe ist wie die Arme von einer dünnen nackten Haut bedeckt, die auf dem Rücken und den Seiten der Scheibe sowie auf den Armen überall runde Gitterplättchen enthält, die auch über die Radialschilder sich verbreiten. Besonders an der Peripherie der Scheibe werden diese Plättchen größer und kräftiger und bilden übereinander greifende Schuppen, die nahe dem Rand die Lücken zwischen den Radialschildern radiär und interradiär ausfüllen oder überbrücken und auf der Ventralseite ziemlich weit in die Interbrachialräume herabgehen. Die Radial- und Genitalschilder bilden in den Interradien die Grenzen der stärkeren Beschuppung. Die weichen bauchigen Interbrachialräume nehmen auf der Unterseite einen breiten Raum in Anspruch. Die Genitalspalten sind sehr klein und liegen bei kleineren Exemplaren nur neben dem ersten Armglied, bei den größeren erstrecken sie sich auch neben das zweite Armglied, bleiben aber immer weit vom Rand der Scheibe entfernt.

Die Seitenmundschilder sind wallartig erhöht, und die Kiefer springen buckelartig vor. Das Mundskelett ist klein und nimmt nicht die Hälfte des Scheibendurchmessers in Anspruch. Die Reihe der breiten abgerundeten Zähne wird gegen außen durch etwa drei größere Zahnpapillen abgeschlossen. Ihnen schließt sich eine unregelmäßige und unvollständige Doppelreihe von niederen warzenartigen Mundpapillen an, die bis zum äußersten Mundwinkel reichen. In einen der Interbrachialräume ragt eine deutliche Madreporenplatte vor, die von dünner Haut bedeckt ist.

Die Arme sind verhältnismäßig dünn und stets ungleich an Länge, die größeren werden 9—11 mal so lang als der Scheibendurchmesser, die kleineren nur 6—7 mal so lang. Sie sind von dünner nackter Haut bedeckt, in der zarte Gitterplättchen sich überall finden. Das erste, meist auch das zweite, manchmal auch das dritte oder vierte Armglied tragen keine Tentakelpapillen, vom sechsten oder siebenten Glied an sind deren zwei vorhanden, vom 22. bis 30. Glied an erscheint die äußerste und kleinste Papille. An allen Armen, frühestens etwa am 20. Glied, öfter auch erst am 30. etwa verlängert sich die unterste Papille stabartig und bleibt so für den größten Teil der Armlänge. Diese großen Papillen, die an allen, auch den kurzen Armen auftreten, erreichen die Länge von zwei Armgliedern, sind am Ende dornig und von dünner Haut überzogen. Gegen das Ende des Armes treten nur noch zwei Tentakelpapillen auf, dann werden sie klein und glasartig, bleiben aber immer gerade, werden selbst an der äußersten Armspitze kaum hakenförmig und tragen stets wenigstens eine Nebenspitze.

In den weichen Interbrachialräumen treten schwärzliche Flecken auf, die sich öfter auch auf dem Rücken in den Interkostalräumen zeigen und von den durchscheinenden Gonaden herrühren. Bei jungen Exemplaren stoßen die Radialschilder vollständig zusammen und bedecken den ganzen Rücken der Scheibe. Auf Station 2818 wurden zahlreiche Exemplare gesammelt, die die Äste einer *Cryptohelia* umschlingen.

Diese Art unterscheidet sich durch die auffallende Beschuppung des Scheibenrandes, die aber auch über den ganzen Scheibenrücken und auf den Armen zu erkennen ist, ferner durch die geringe Zahl (3) ihrer Tentakelpapillen und dadurch, daß es bei ihr niemals zur Bildung der charakteristischen Tentakelhäkchen kommt, so auffallend von den andern Arten der Gattung *Asteronyx*, daß es mir angezeigt schien, sie in eine besondere Gattung zu stellen. Ob auch die andere von Lütken und Mortensen beschriebene Art, *Asteronyx excavata*, ebenfalls in diese Gattung zu stellen ist, was bei der Übereinstimmung in der Zahl und Ausbildung ihrer Tentakelpapillen zu vermuten ist, wage ich nicht sicher zu entscheiden: sie soll durch ihre langen Genitalspalten sich von *A. plana* unterscheiden.

Bei dem Versuch, die für *Asteronyx plana* zu begründende Gattung von der Gattung *Astrodia* Verrill abzugrenzen, kam ich schließlich zur Überzeugung, daß unterscheidende Merkmale von Wichtigkeit nicht festzustellen sind. Ich kann die atlantische Art dieser Gattung, *Astrodia tenuispina* Verrill, nur nach der erschöpfenden Beschreibung und der Abbildung beurteilen, die Koehler 1907 von einem kleinen Exemplar (6 mm Scheibendurchmesser) dieser Art gegeben hat. Abgesehen von dem Umstand, daß die feinen Plättchen, die die ganze Scheibe dorsal bedecken, bei *A. tenuispina* von einander getrennt sind, während sie bei *A. plana* vielfach schuppenförmig übereinandergreifen, was an der Peripherie nur besonders auffallend ist, finde ich keinen Unterschied, der es erlauben würde, die beiden Arten sicher von einander zu trennen, geschweige denn sie in verschiedene Gattungen zu verweisen. Wir haben in *Astrodia plana* den pazifischen Vertreter der atlantischen *Astrodia tenuispina* zu sehen.

Koehler 1922 hat neuerdings eine weitere Art von *Astrodia* als *A. bispinosa* beschrieben, die sich durch den Besitz von nur zwei Tentakelpapillen auszeichnet.

Unterfamilie **Trichasterinae**.

Gattung **Asteroschema** (inkl. **Ophiocreas**)

Es gibt kaum eine Gattung unter den Ophiuren, bei der sich der Abgrenzung und Unterscheidung der Arten so große Schwierigkeiten in den Weg stellen wie gerade bei der Gattung *Asteroschema* in weiterem Sinne. Der Grund dafür liegt nicht zum geringsten Teil in der äußerst beschränkten Zahl von Unterscheidungsmerkmalen, die in dieser Gattung zur Verfügung stehen, vor allem aber darin, daß fast alle zur Unterscheidung gebrauchten Merkmale so sehr variieren wie z. B. die verschiedenen Längenverhältnisse, oder so schwer zu erfassen sind wie die Beschaffenheit der Hautbedeckung, daß dadurch die größte Unsicherheit in der Abgrenzung der verschiedenen Arten oder Formen voneinander entsteht.

Wenn Matsumoto 1917 p. 43 angibt, daß die Ausbildung der Mundpapillen, das Aussehen der Armbasis, das Vorhandensein oder Nichtvorhandensein von Körnelung in der Oberhaut, die relative Armlänge, sogar die Zahl der Tentakelpapillen in hohem Grade von dem Alterszustand der einzelnen Individuen abhängt, so werden alle die darauf gegründeten Unterscheidungen von Arten ganz unsicher.

Wenn ich ferner bei *A. clavigerum* die Beobachtungen von Verrill bestätigen konnte, daß bei gleich großen Individuen die Körnelung der Armunterseite sowie die Länge und die Beschaffenheit der Tentakelpapillen auffallende Verschiedenheiten zeigen kann, und wenn bei *A. ferox* nicht nur das erste Auftreten der äußeren Tentakelpapillen, dessen Unbeständigkeit schon bekannt ist, sondern auch das der inneren Tentakelpapillen, dem Mortensen 1922 p. 104 einen ganz besonderen Wert zuschreibt, ganz bedeutend variieren kann, so bleibt ja fast kein Merkmal übrig, das verläßlich genug ist, um die verschiedenen Formen voneinander mit Sicherheit zu unterscheiden.

Von den mir hier vorliegenden Arten von *Asteroschema* kann ich einige mit größerer Sicherheit mit schon beschriebenen Arten identifizieren, bei anderen fehlt mir diese Sicherheit. Wenn ich auch der Überzeugung bin, daß es sich in diesen Fällen um Formen handelt, die in den Formenkreis von schon beschriebenen Arten fallen, so fühle ich mich doch nicht im Stande, die Verantwortung zu übernehmen, sie zu der einen oder anderen dieser Arten auch wirklich zu stellen. Es scheint mir das kleinere Übel, sie den zahlreichen schon beschriebenen, aber oft kaum unterscheidbaren Arten wieder als neue Arten mit besonderem Namen an die Seite zu stellen. Es muß einem späteren Forscher überlassen bleiben, auf Grund eines reichen Materiales, das besonders die verschiedenen Altersstufen enthält, die so dringend notwendige Revision der vielen Arten dieser Gattung durchzuführen.

Bei einer der mir vorliegenden Arten (*A. mindorense* St. 5367) müssen die Alkoholexemplare ohne Zweifel zur Untergattung *Ophiocreas* gestellt werden, da Scheibe und Arme glatt und mit nackter Haut bedeckt erscheinen; ein trocken gelegtes Exemplar zeigt aber die ganze Scheibe sowie die Arme fein und dicht gekörnelt, so daß die Art ebenso zweifellos zur Untergattung *Asteroschema* s. str. gehört. Ich würde mich sehr gerne dem Wunsche von H. L. Clark 1916 p. 80 anschließen, der über Matsumoto und mich ungehalten ist, daß wir nicht *Ophiocreas* als selbständige Gattung neben *Asteroschema* bestehen lassen. Schon der übergroßen Artenzahl wegen wäre mir das selbst äußerst erwünscht. Dann weiß ich aber nicht, in welche dieser beiden Gattungen ich diese Art zu stellen habe. Denn ich kenne kein sicheres Unterscheidungsmerkmal zwischen beiden Gattungen. Wie aus seinen eigenen Worten hervorgeht, scheint auch Clark ein solches nicht zu kennen. Das einzige Merkmal, das für die Trennung der beiden Gattungen maßgebend ist, ist eben die Körnelung der Haut, die bei *Asteroschema* vorhanden sein, [bei *Ophiocreas* fehlen soll. Unter den mir vorliegenden Arten ist *A. ferox* in ausgezeichneter Weise gekörnelt, ist also ein echtes *Asteroschema*; *A. gilolense* (St. 5621) zeigt dagegen keine Spur von Kalkkörnern in der Haut, ist also ein typisches *Ophiocreas*. Diese beiden Extreme sind durch eine lückenlose Reihe von Arten verbunden, die jeden dazwischen liegenden Zustand der Körnelung aufweisen. Etwa in der Mitte dieser Reihe steht das [oben erwähnte *A. mindorense* (St. 5367), Wo soll nun der Schnitt gemacht werden, der die beiden Gattungen trennt? Diese Grenze ist der Willkür jedes Bearbeiters überlassen. Sollte Clark einen gangbaren Ausweg wissen, der Willkür ausschließt, so werde ich mich beeilen mich ihm anzuschließen. Bis dahin sehe ich mich aber auch weiter gezwungen, alle diese Arten in eine einzige Gattung *Asteroschema* zu stellen.

Asteroschema clavigerum Verrill
Taf. 10, Fig. 5—5a, 6.

Asteroschema clavigera Verrill 1894, Proc. U. St. Nat. Mus., Vol. 17, p. 295. — Koehler 1914, p. 139.

Station 2752 Lesser Antilles, 13° 34′ N, 61° 04′ W, 281 fath., black Sand, Temp. 48° F.
Station 2753 Westindien, 13° 34′ N, 61° 03′ W, 281 fath., Temp. 48° F.

Der Durchmesser der Scheibe (Station 2752) beträgt 12 mm, ihre Höhe 7 mm. Entfernung vom Zentrum bis zum Rand des Mundskeletts 4.5 mm, vom Zentrum bis zum Ende eines Radialschildes 7 mm. Die Scheibe reicht bis zum Ende des zweiten Armgliedes. Die Arme sind etwa 14 mal so lang als die Scheibe, nahe ihrer Basis 3.5 mm breit und, etwa ebenso hoch.

Die Scheibe und die Arme sind oben und seitlich von einem dichten Pflaster von kleinen glatten höckerigen Körnchen (etwa 6 auf 1 mm Länge) bedeckt, die gegen die äußeren Teile der Arme zu immer kleiner werden und an der Armspitze ganz oder fast ganz fehlen. Auf der Unterseite ist die Scheibe etwas lockerer mit eben solchen Körnchen besetzt, die auf der Unterseite der Arme viel kleiner und spärlicher werden und bald ganz fehlen. Die stark vorgewölbten Buckel der Kiefer sind nackt, aber uneben. Außerhalb der Zähne finden sich einige Zahnpapillen, an die sich einige (3—6) niedere warzenförmige Mundpapillen anschließen, die sehr tief liegen und bis zum äußersten Armwinkel vorkommen. Die Genitalspalten sind 7 mm lang und konvergieren etwas nach unten. In jedem Interbrachialraum finden sich über dem vorspringenden Rand des harten Mundskeletts 1—5 größere Poren, die die Stelle der Madreporiten kennzeichnen.

Die Armglieder sind nicht von einander abgesetzt, nur die zwei bis drei ersten sind in [der Mitte kaum merklich verdickt. Die erste Tentakelpapille erscheint vom [zweiten Armglied an, die zweite äußere Papille variiert in ihrem Vorkommen und findet sich an den verschiedenen Armen eines Exemplars erst vom 3., 5., 7., 8., 10. Glied an. Sie erreicht nur die halbe Länge der inneren (2 mm), die etwas länger werden kann als ein Armglied und nicht keulenförmig wird; nur an der äußersten Armspitze wird sie hakenförmig [und zeigt zuletzt nur noch zwei Spitzen. Die Farbe in Alkohol ist ein gelbliches Weiß.

Ein zweites Exemplar (Station 2753) von ähnlicher Gestalt und Größe zeigt die Unterseite der Arme völlig nackt und ebenso auch einen viel größeren Teil der Armenden. Auch sind die inneren Tentakelpapillen deutlich keulenförmig infolge des Auftretens einer dicken drüsigen Masse, die die mit Dornen besetzte Innenseite etwa zur Hälfte bedeckt, und außerdem von größerer Länge (1½ Armglieder); die äußeren bleiben viel kürzer (1 mm). Dieses Exemplar ist noch an einer Gorgonide (? *Paramuricea*) von karminroter Farbe angeklammert.

Es ist kaum ein Zweifel, daß die beiden Exemplare das *Asteroschema clavigerum* Verrill darstellen. Die beiden von diesem Autor beschriebenen Exemplare zeigten die gleichen Verschiedenheiten in der Ausbildung der Unterseite wie die mir vorliegenden. Doch stammt Verrill's Art von der Küste von Massachusets, die vorliegenden Exemplare von Westindien.

Asteroschema ferox Koehler
Taf. 10, Fig. 4—4 b

Astroschema ferox Koehler 1904, Siboga-Exp., Ophiur. mer. prof., p. 162, Taf. 32, Fig. 4—6, Taf. 33, Fig. 1—2.

Station 5617. Ternate Id. 0° 49′ 30″ N, 127° 25′ 30″ E, 131 fath.

Der Durchmesser der Scheibe beträgt 13 mm, ihre Höhe 6 mm. Entfernung vom Zentrum bis zum Rand des festen Mundskeletts 4 mm, vom Zentrum bis zum Ende eines Radialschildes 7 mm. Die Scheibe reicht bis zum zweiten Armglied. Die Arme sind 15—16 mal so lang als die Scheibe, nahe an der Scheibe 5 mm breit und ebenso hoch, am 14. Glied 3 mm breit und hoch, später sehr dünn. Die Arme sind oben mit kurzen Papillen locker bedeckt, unten gekörnelt. Die Papillen sind an der Basis der Arme spitzkegelförmig, weiter außen stumpf. Das erste Auftreten der ersten, bezw. zweiten Tentakelpapille an allen fünf Armen zeigt folgende Zusammenstellung, wobei die Zahlen die Nummern der betreffenden Armglieder bedeuten:

1, 3; 2, 4 — 2, 6; 2, 6 — 2, 7; 2, 8 — 3, 5; 3, 5 — 2, 6; 2, 5.

Wenn solche Verschiedenheit an einem Exemplar auftritt, wird innerhalb der Art eine beträchtliche Variabilität zu erwarten sein. Die längsten Tentakelpapillen werden 3 mm lang und reichen kaum bis zur Basis der übernächsten Papillen; die äußere kann etwas größer als die Hälfte der inneren werden. Weiter außen werden sie kamm- oder sägeförmig und zeigen bis 7 lange Zähne, an der äußersten Armspitze sind sie hakenförmig mit vier, zuletzt zwei Zähnen. Die Bauchplatten sind sehr klein, die Seitenplatten stoßen zusammen.

Die Vertikalreihe der breiten stumpfen Kieferzähne wird nach außen abgeschlossen durch drei bis vier kleinere flache Zahnpapillen. Der Buckel, den die Kiefer bilden, ist mit einigen groben Körnchen bedeckt, ähnlich die Seiten der Kiefer. In jedem der fünf Interbrachialräume zeigen sich an der Außenwand des Mundskeletts einige wenige große Poren für den Steinkanal.

Es ist sehr wahrscheinlich, daß das vorliegende Exemplar die gleiche Art vorstellt, die Koehler aus 204 m Tiefe bei der Tenimber-Insel erhalten hat.

Asteroschema (Ophiocreas) gilolense nov. sp.
Taf. 10, Fig. 7—7 b.

Station 5621. Zwischen Gillolo und Makyan Islands, 0⁰ 15′ N, 127⁰ 24′ 35″ E, 298 fath., gray and black Sand.

Der Durchmesser der Scheibe beträgt 22 mm, ihre Höhe 9 mm. Entfernung vom Zentrum bis zum Rand des festen Mundskeletts 7 mm, vom Zentrum bis zum Ende eines Radialschildes 11.5 mm. Die Arme sind etwa 29 mal so lang als die Scheibe, nahe der Scheibe 5.2 mm breit, 6 mm hoch. Die Genitalspalten sind 6 mm lang.

Die Scheibe ist flach mit vortretenden schmalen Rippen, die nicht ganz bis zum Zentrum, andrerseits bis zum dritten Armglied reichen. Die Seiten der Scheibe sind eingebogen und wenig gegen das verhältnismäßig breite Mundskelett geneigt. Die langen schmalen Genitalspalten konvergieren mit einander. In einem Interbrachialraum bemerkt man eine kleine Hautspalte auf der Außenseite des Mundskeletts, die wohl die Öffnung des Steinkanals darstellt. An die (ca. 9) unpaaren breiten Zähne schließen sich nach außen noch drei oder vier Paare kräftiger Zahnpapillen, von denen jedes Paar zusammen einem der Zähne ähnelt, daneben noch einige weitere Zahnpapillen. Mundpapillen fehlen ganz.

Die Scheibe ist überall von nackter, dünner und durchscheinender Haut bedeckt, ebenso die Arme, an denen sich die Haut vielfach im Alkohol in starke Falten gelegt hat. Aber auf allen Rippen und auf einigen der ersten zehn Armglieder stehen dorsal ganz vereinzelt einige rauhe Kalkstümpfe von sehr geringer Größe. Sonst lassen sich in der Haut, auch in trockenem Zustand keinerlei Kalkkörper nachweisen.

Vom zweiten, sehr selten erst vom dritten Armglied an erscheint eine Tentakelpapille, vom dritten oder vom vierten Glied an die zweite, die nur $^1/_3$ der Länge der anderen erreicht. Die große ist schlank, kaum keulenförmig, wird bis 4.5 mm lang, etwa so lang als zwei Armglieder. Erst am äußersten Armende erscheinen sie als Häkchen mit vier, dann drei und zuletzt mit nur zwei Spitzen. Die Seitenplatten der Arme stoßen zusammen.

Die Farbe in Alkohol ist hellgrau bis rötlich grau, die Kiefer, Interbrachialräume und das Ende der großen Tentakelpapillen sind dunkel gefärbt.

An anderen Exemplaren fanden sich Arme, die nur 22 mal so lang als die Scheibe waren. Die Art steht dem *A. sibogae* sehr nahe, unterscheidet sich aber besonders durch die Kalkstümpfe auf den Rippen und Armen. Auch an *A. longipes* Mort. schließt sie sich nahe an.

Asteroschema (Ophiocreas) mindorense nov. sp.
Taf. 10, Fig. 1—1b.

Station 5867. Verde Island Passage, Malabrigo Lt., 18⁰ 34′ 37″ N, 121⁰ 07′ 30″ E, 180 fath., Sand.

Die Scheibe ist flach mit etwas vortretenden schmalen Rippen, die bis zum Zentrum, andrerseits bis zum dritten Armglied sich erstrecken. Die Seiten der Scheibe sind wenig eingebogen, sehr schräg geneigt gegen das schmale Mundskelett. Die langen Genitalspalten bilden miteinander einen sehr stumpfen Winkel. An der Außenwand des harten Mundskelettes sind fünf Madreporiten angedeutet in Gestalt von schwach gewölbten Stellen mit je zwei bis sechs großen Poren. An die kräftigen dreieckigen Zähne schließen sich nach außen wenige Zahnpapillen. Mundpapillen sind kaum angedeutet, bei jungen stehen niedere Warzen an deren Stelle in ziemlicher Tiefe bis zum Mundwinkel. Die Scheibe ist oben, auf den Seiten und unten bedeckt mit einem zarten, zusammenhängenden Pflaster feinster, etwas gewölbter Plättchen (ca 8 auf 1 mm), das auch auf die Seiten der Kiefer in die Mundspalten sich hinabzieht und bis zu den Zahnpapillen reicht. Das gleiche Pflaster bedeckt auch die ganzen Arme oben und unten, ist aber nur an getrockneten Stellen sichtbar, bei jungen wird es nach außen sehr spärlich und fehlt unten fast ganz; in feuchtem Zustand erscheint die Haut auf Scheibe und Armen nackt und glatt. Die erste Tentakelpapille erscheint am zweiten, selten erst am dritten oder vierten Armglied, die zweite Tentakelpapille etwa am achten (5.—18.) Glied. Die längsten Tentakelpapillen erreichen 5—6 mm und sind so lang als drei Armglieder, keulenförmig vom 25.—30. Glied an, bei jungen viel kürzer und stabförmig; die äußere Papille wird nicht halb so lang. Nahe am Armende werden sie hakenförmig, die letzten mit nur zwei Spitzen. Die Seitenplatten der Arme stoßen unten zusammen. Die Alkoholexemplare sind von grauer Farbe.

Die Art erinnert etwas an *Asteroschema caudatum* Lyman. Doch genügt Lyman's Beschreibung dieser Art nicht, um sie mit der vorliegenden Form vergleichen zu können, wie das auch bei manchen anderen der bisher beschriebenen *Asteroschema*-Arten mit angeblich nackter Haut (= *Ophiocreas*) der Fall ist.

Nach Matsumoto findet sich eine Körnelung der Haut nur auf der Scheibe und der Basis der Arme bei großen Exemplaren von *A. caudatum*, bei kleineren aber weiter verbreitet (= *A. sagaminum* Död., Taf. 10, Fig. 3). Bei den mir hier vorliegenden Exemplaren sind gerade die großen Exemplare vollständiger gekörnelt, während bei den jüngeren das Armende und die Unterseite sehr viel spärlicher mit Körnchen bedeckt ist.

Station	5367					5119
Durchmesser der Scheibe in mm	23	21	16	15	12	10
Zentrum bis weicher Interbrachialraum	6.3	6.5	5.5	5	4	3
Länge einer Genitalspalte	6.5	6.3	4	4	3	2.3
Länge eines Armes ca.	480	—	360	320	180	160
Breite eines Armes	5.5	5.5	5	4	3	2
Länge der inneren Tentakelpapille	5.5	6.5	5	4	3	2
Zweite Tentakelpapille erscheint an Armglied Nr. 5—9	8	8	13,18	11	11	

Station 5119. Sombrero Id., 13° 45′ 5″ N, 120° 30′ 30″ E; 394 fath.; green Mud, Sand; Temp. 43.7° F.

Taf. 10, Fig. 2—2a.

Nur mit einigem Bedenken kann ich noch ein kleines Exemplar von Station 5119 zu dieser Art stellen. Seine Scheibe mißt 10 mm, deren Höhe 4 mm. Vom Zentrum bis zum Interbrachialraum sind 3 mm, bis zum Ende der Radialschilder 5 mm. Die Arme sind etwa 16mal so lang wie die Scheibe, an der Basis 2 mm breit und 2.2 mm hoch. Die Genitalspalte ist 2.3 mm lang. Die Radialschilder enden schon mit dem zweiten Armglied. Das Pflaster kleiner gewölbter Plättchen (8 auf 1 mm) erscheint auf der Scheibe etwas kräftiger, besonders interkostal; auf den Armen wird es feiner und nach außen immer spärlicher,

10*

ihre Unterseite ist ganz nackt. Die Zähne sind kräftig, dreieckig neben einigen Zahn-papillen, an deren Stelle niedere runde Buckel treten können. Die Buckel der Kiefer sind gröber gepflastert als die übrige Unterseite, wie das auch bei den Exemplaren von Station 5367 der Fall ist. Die erste Tentakelpapille erscheint auf dem zweiten Armglied, die zweite auf dem elften oder zwölften. Sie erreichen wie bei den jungen Exemplaren von Station 5367 nur die Länge von 1½ Armgliedern; am Armende werden sie schwach hakenförmig mit zwei Spitzen. Die Seitenplatten stoßen zusammen. Die Farbe des einzigen Exemplars ist gelblich braun. Dieses Exemplar unterscheidet sich von jungen Exemplaren der vorigen Art wesentlich nur durch ganz andere Farbe, durch kürzere Radialschilder und fast völlige Abwesenheit von Mundpapillen, sowie Abwesenheit von Poren für die Steinkanäle, die auch bei jungen Exemplaren obiger Art sehr deutlich sind.

Mit *A. sagaminum*, das ich von Japan beschrieben habe, und das Matsumoto für ein junges Exemplar von *A. caudatum* erklärt, stimmt es in allen wesentlichen Merkmalen gut überein; infolge der verschiedenen Konservierung (die japanischen lagen in Formol) bietet besonders die Scheibe ein völlig verschiedenes Aussehen, so daß es schwer wird, die beiden Formen für identisch zu halten. Bei der äußerst geringen Zahl brauchbarer Unterschei-dungsmerkmale und den starken Verzerrungen, denen diese weichhäutigen Geschöpfe leicht unterworfen sind, ist es äußerst mißlich, die Arten mit Sicherheit festzustellen.

Asteroschema (Ophiocreas) ambonesicum nov. sp.
Taf. 10, Fig. 8—8b.

Station 5634. Pitt Passage, Gomomo Id., 1° 54' S, 127° 36' E, 329 fath.

Der Durchmesser der Scheibe beträgt 27—30 mm, ihre Höhe 11 mm. Entfernung vom Zentrum bis Rand des Mundskeletts 8.5 mm, vom Zentrum bis zum Ende eines Radial-schildes (Rippe) 15 mm. Die Arme sind etwa 13mal so lang als die Scheibe, ihre Breite nahe der Scheibe ist 8 mm, ihre Höhe 8.5 mm. Länge einer Genitalspalte ist 6 mm.

Die Scheibe ist fast flach mit wenig vortretenden, gleich weit entfernten schmalen Rippen, die nicht ganz bis zum Zentrum, andrerseits bis zum dritten Armglied sich erstrecken. Die Seiten der Scheibe sind wenig eingebogen, schräg geneigt gegen das schmale Mund-skelett. Die langen Genitalspalten konvergieren mäßig. Andeutung der Madreporiten ist nicht zu erkennen. Unter den großen dreieckigen Zähnen zeigen sich außen noch zwei bis drei Zahnpapillen von kegelförmiger Gestalt neben ein bis zwei solchen von niederer warzenförmiger Gestalt. Mundpapillen fehlen vollständig. Die Kiefer springen buckelförmig hervor.

Scheibe und Arme sind mit derber, dicker, nicht durchscheinender Haut bedeckt, die völlig nackt erscheint. Doch enthält die Haut, wie man erst beim Trocknen erkennen kann, winzige Kalkplättchen, die weit von einander entfernt sowohl auf der Ober- wie auf der Unterseite der Arme zu finden sind. Nur zunächst der Scheibe liegen sie auf dem Rücken der Arme ziemlich dicht beieinander. Eine Tentakelpapille erscheint vom zweiten Armglied an, die zweite erst vom 8., 9., 11. oder 12. Glied an. Die längsten erreichen 5 mm und sind etwa so lang wie zwei Armglieder, ziemlich deutlich keulenförmig und dick, auch von besonders dicker Haut umgeben. Die äußere Papille erreicht nur ein Drittel dieser Länge. Erst nahe der Armspitze werden sie zu Häkchen mit drei, zuletzt mit zwei Spitzen.

Die Seitenplatten stoßen unten zusammen.

Das einzige Alkoholexemplar ist von graubrauner Farbe.

Die vorliegende Art ist vermutlich nahe verwandt mit *Asteroschema (Ophiocreas) carnosum* Lyman. *A. glutinosum* Döderlein von Japan hat dickere Arme (9 mm bei einer Scheibe von 17 mm), aber ganz ähnliche Hautbedeckung, Es ist leicht möglich, daß sie alle nur eine Art bilden.

Gattung Astrobrachion nov. genus.

Von einer der bisher zu *Asteroschema (Ophiocreas)* gestellten Arten, *A. constrictum* Farquhar, hat Mortensen 1922 p. 100 nachgewiesen, daß bei ihr die Seitenplatten der Arme durch wohlentwickelte Bauchplatten weit voneinander getrennt sind, wie bei *Trichaster* und *Euryala*, während bei den anderen Arten von *Asteroschema* diese Seitenplatten ventral zusammenstoßen, was ich auch bei sämtlichen mir vorliegenden Arten von *Asteroschema* (ebenso wie für *Astroceras*, *Astrocharis* und *Sthenocephalus*) selbst feststellen konnte. Mortensen zieht selbst den Schluß, daß diese Art deshalb nicht mehr zur Gattung *Asteroschema (Ophiocreas)* gerechnet werden kann, sieht aber zu meinem Befremden davon ab, eine neue Gattung dafür aufzustellen und behandelt sie unter dem bisherigen Gattungsnamen. Ich bin aber gezwungen, in der Übersicht der Arten am Schluß dieser Abhandlung dieser Art eine richtige systematische Stellung anzuweisen in einer von *Asteroschema (Ophiocreas)* scharf zu trennenden Gattung und schlage für diese neue Gattung den Namen **Astrobrachion** (ὁ βραχίων der Arm) vor mit dem Genotyp *A. constrictus* Farquhar.

Astrocharis gracilis Mortensen.
Taf. 9, Fig. 5—5c, 6—6a.

Astrocharis gracilis Mortensen 1918, Mort. and Stephensen, On a gall-producing parasit. Copepod., p. 264, Fig. 1—6.

Station 5423. Jolo Sea; Cagayan Id., 9⁰ 38′ 30″ N, 121⁰ 11′ E, 508 fath., gray Mud, Coralsand.
Station 5124. ibid., 9⁰ 37′ 05″ N, 121⁰ 12′ 37″ E, 340 fath., Coralsand.
Station 5425. ibid , 9⁰ 37′ 45 N, 121⁰ 11′ E, 495 fath., gray Mud, Coralsand.

Der Durchmesser der Scheibe beträgt 7 mm, ihre Höhe 3.5 mm. Entfernung vom Zentrum bis zum Rand des festen Mundskeletts 2.3 mm, vom Zentrum bis zum Ende der Radialschilder 2.7 mm. Die Arme sind etwa 10—11 mal so lang als die Scheibe, nahe der Scheibe 3 mm breit und 2.2 mm hoch. Die Höhe der Genitalspalte ist 1.5 mm.

Die Scheibe ist oben gewölbt, die Mitte tief eingedrückt; darum herum finden sich, den Radialschildern entsprechend, zehn dreieckige Felder, die von einander nur durch scharfe Einschnitte getrennt sind. Die Scheibe reicht bis zum ersten Armglied. Die Seiten der Scheibe sind nicht eingebuchtet, sondern in der Mitte tief eingekerbt, fast senkrecht und zeigen den kleinen schmalen und vertieft liegenden Interbrachialraum, in dessen Tiefe sich dicht nebeneinander die zwei parallel liegenden senkrechten Genitalspalten finden. Von Poren für den Steinkanal ist nichts zu beobachten.

Die Kiefer sind nur wenig emporgewölbt. Außerhalb der Zähne sind kaum Spuren von Zahnpapillen vorhanden, und Mundpapillen fehlen ganz.

Scheibe und Arme sind oben und unten von einem zusammenhängenden Pflaster kleiner flacher polyedrischer Plättchen bedeckt, das auch die Interbrachialräume überzieht und unten bis zu den Zähnen und auf die Seiten der Kiefer sich erstreckt. Auf der Oberseite der Scheibe läßt dies Pflaster einen größeren Teil jedes Radialschildes frei von etwa dreieckiger Gestalt, etwas länger als breit. Die Oberfläche dieses nackten Teiles der Radialschilder ist körnig skulptiert und glasartig. In dem vertieften Zentrum der Scheibe liegt eine kreisrunde hochgewölbte Platte und im Kreise herum noch etwa sechs etwas kleinere ähnliche Platten je in der Mitte zwischen einem Radialschild und der Zentralplatte.

Die kegelförmigen Arme sind nahe der Scheibe kaum verdickt und enden in einem langen Faden. Die Plättchen, die sie bedecken, sind auf dem Rücken meist verbreitert, größere Plättchen oft getrennt durch einige viel kleinere. Auf der Ventralseite der Arme werden die Plättchen kleiner. In halber Armhöhe zeigt sich im proximalen Drittel der Arme jederseits auf jedem Armglied ein dunklerer Fleck etwa von der Größe der benachbarten Plättchen, bestehend aus etwa einem Dutzend kleiner glasiger Körnchen. Er hat das Aussehen des nackten Teils der Radialschilder und ist der von oberflächlichen Plättchen nicht bedeckte Teil einer der paarig auftretenden sehr dicken Dorsalplatten, die warzenartig angeschwollen und durchsichtig sind. Auch auf jedem der Seitenmundschilder auf der Unterseite der Scheibe zeigt sich ein solcher Fleck. Eine Tentakelpapille findet sich vom zweiten Armglied an, frühestens vom 6., (7., 11., 13.) Glied an tritt eine zweite Tentakelpapille auf, die nur wenig kleiner bleibt. Die ersten sind kaum länger als breit, flach, werden aber allmählich länger bis sie höchstens $3/4$ der Länge eines Gliedes erreichen; die innere Papille ist ein breiter abgerundeter Stumpf, die äußere ist etwas kürzer und schmäler von kegelförmiger Gestalt. Gegen das Armende zu werden sie schlanker und zuletzt treten sie in Gestalt von glasartigen Häkchen mit zwei Spitzen auf.

Die Farbe der Alkoholexemplare ist kreideweiß. Die merkwürdige glasartige Fläche der nackten Radialschilder und der nackten Flecke auf den Armseiten erscheint etwas dunkler, im Sonnenlicht erscheinen sie wie gelbgrüne durchleuchtete Fenster.

Auf anderen Exemplaren ist die Zentralplatte nicht zu erkennen, auch andere größere Platten sind nur undeutlich, die Mitte der Scheibe zeigt unregelmäßig größere und kleinere flache und etwas gewölbte Plättchen.

Die vorliegenden Exemplare von *Astrocharis* gehören jedenfalls zu der von Mortensen bei Mindanao gesammelten und von ihm 1918 beschriebenen Art *A. gracilis*. Mortensen's Exemplar war noch ein junges, in Regeneration begriffenes sechsarmiges Stück mit einem Scheibendurchmesser von 4 mm und verhältnismäßig kurzen Armen von 25—30 mm. Daß die Arme bei größeren Exemplaren verhältnismäßig länger werden, ist bei Euryalae und anderen Ophiuren und Asteriden vielfach beobachtet. Im übrigen finde ich keine nennenswerten Unterschiede gegenüber den Angaben von Mortensen. *Astrocharis ijimai* Matsumoto von Japan besitzt viel kürzere Tentakelpapillen, besonders die äußeren sind winzig klein und zeigen sich erst von der Mitte der Arme an. Auch sind die Arme an der Basis auffällig verdickt im Gegensatz zu meinen und Mortensen's Exemplaren. Dagegen ist diese Verdickung ein Merkmal von *Astrocharis virgo* Koehler von der Jolo-See, die außerdem eine gekörnelte und nicht feingetäfelte Oberfläche wie die beiden anderen Arten zeigt. Die merkwürdigen glasartigen Flecke finde ich bei keinem der Autoren erwähnt, die über die Gattung *Astrocharis* bisher berichtet haben.

Astroceras pergamena Lyman.

Astroceras pergamena Lyman 1879, Bull. Mus. Comp. Zool., Vol. 6, p. 62, Taf. 18, Fig 478—480.
Astroceras pergamena Lyman 1882, Challenger-Ophiur., p. 284, Taf. 34, Fig. 1—5.
Astroceras pergamena Döderlein 1911, Japan. und andere Euryalae, p. 61, Taf. 6, Fig. 4—4b; Taf. 7, Fig. 13.
Astroceras pergamena H. L. Clark 1911, U. St. Nat. Mus. Bull. 75, p. 284.

Station 3716. Ose Zaki, Japan, 65—125 fath., volcanic sand, shells. 1 juv. 5armig.
Station 3729. Omai Zaki, Honshu Isl., Japan, 34 fath.; mud, gravel. 1 juv. 6armig.
Station 4893. Goto Isl., 32⁰ 32′ N, 128⁰ 32′ 50″ E, 95—106 fath.; gray Sand, broken shells; Temp. 55.9⁰ F.
    1 juv., 6armig.
Station 4935. Eastern Sea, 30⁰ 57′ 20″ N, 130⁰ 35′ 10″ E, 103 fath.; Stones; Temp. 60.6⁰ F.

Die Scheibe (6 mm Durchmesser) reicht bis zum zweiten Armglied. Von den rauhen, oben gern etwas verdickten Stümpfen, die sich bei dieser Art durch ihre schneeweiße Farbe schön von der gelbbräunlichen Haut abheben, findet sich auf den Radialschildern je einer auf ihrem äußeren Ende, der mitunter doppelt ausgebildet ist. Auf dem Armrücken stehen jederseits drei bis fünf, meist alternierend angeordnet, die etwa mit dem achten Armglied aufhören. Außerdem können aber sowohl auf den Radialschildern wie auf dem Armrücken noch ähnliche aber ganz winzige Wärzchen ebenfalls von schneeweißer Farbe vorhanden sein. Solche kleine weiße Wärzchen können sich dann noch auf einem größeren Teil des Armrückens zeigen, bald spärlich und einzeln stehend, bald auf einigen Armgliedern in größerer Zahl beisammen, mitunter auch in Querreihen angeordnet. So zeigen sie sich besonders gern bei jugendlichen Exemplaren.

An die kräftigen dreieckigen Zähne schließen sich außen wenige Zahnpapillen an. Die Seitenwände der Kiefer tragen bis zum äußersten Mundwinkel unregelmäßige kleine Wärzchen, die rudimentäre Mundpapillen darstellen. Die ganze Unterseite der Scheibe und die ersten Armglieder sind locker von winzigen Kalkkörnchen besetzt.

Die ventral zusammenstoßenden Seitenschilder der Arme, die vom zweiten Armglied an je zwei Tentakelpapillen tragen, sind zuerst ziemlich flach, erheben sich dann zu einem immer kräftiger werdenden Sockel, der weiter nach außen immer schlanker wird und die Gestalt eines dünnen kurzen Stäbchens annimmt. Die Tentakelpapillen, die zuerst dornige kurze Zylinder darstellen, werden weiter außen etwas komprimiert. In der äußeren Armhälfte nehmen sie ziemlich plötzlich die Form von deutlichen Häkchen an, die glasartig und stark komprimiert sind. Sie tragen zuletzt nur noch zwei Spitzen. Von Poren für den Steinkanal ist nichts zu beobachten.

Ein junges Exemplar dieser Art von Station 3716 von 4 mm Scheibendurchmesser zeigt nur auf einigen Radialschildern etwas höhere weiße Stümpfe, dagegen ziemlich zahlreiche weiße Wärzchen auf dem Armrücken, meist in Querreihen zu je zwei oder drei, und zwar zwei Querreihen auf einem Glied. In der Mitte der Scheibe liegt eine große runde Warze umgeben von drei großen und drei kleineren Wärzchen, die einen Ring um die große Zentralwarze bilden.

Bei einem noch kleineren Exemplar von Station 3729, mit einem Scheibendurchmesser von 3.5 mm und Armen von siebenfacher Länge finden sich auf der Basis von einem Arm fünf Paare von großen hohen Warzen, wenige große Warzen unregelmäßig auf der Scheibe und zahlreiche kleine weiße Wärzchen auf den Radialschildern und dem Armrücken. Auf den Armen stehen sie bei den einzelnen Gliedern in je zwei Querreihen zu je drei bis fünf. Dies Exemplar besitzt sechs etwa gleich große Arme, wie das schon von vielen jugendlichen Ophiuroidea bekannt ist. Die Körnelung der Unterseite ist noch gar nicht angedeutet.

Astroceras compar Koehler
Taf. 9, Fig. 2—2 b, 3—3 a.

Astroceras compar Koehler 1904, Siboga-Exped., Ophiures de mer profonde, p. 158, Taf. 22, Fig. 2; Taf. 30, Fig. 9; Taf. 32, Fig. 3.

Station 5297. Süd-Luzon, Matocot Pt., 18° 41′ 20″ N, 120° 58′ E, 198 fath.; Mud, Sand.
Station 5325. Nord-Luzon. Hermanos-Id., 18° 34′ 15 N, 121° 51′ 15″ E, 224 fath., green Mud. Temp. 53.2° F.
Station 5661. Flores Sea. C. Lassa, 5° 49′ 40″ S, 120° 24′ 30″ E, 180 fath., hard Bottom. Temp. 50.5° F.

Die Exemplare von Station 5325 haben einen Scheibendurchmesser von 11—19 mm und entsprechen sehr gut der Beschreibung von Koehler. Die Scheibe reicht bis zum dritten Armglied. Ihre Armlänge ist das 10—11 fache des Scheibendurchmessers. Die Radialschilder tragen je zwei bis zehn Warzen. Das ganze Mundfeld ist nackt, erst nahe dem interbrachialen Rand zeigen sich einige locker stehende Körnchen in der Haut. In zwei Interbrachialräumen zeigen sich auf der Außenwand des Mundschildes eine und zwei Poren für den Steinkanal. Die Kiefer zeigen neben der Vertikalreihe von breiten Zähnen zu beiden Seiten noch einige sehr locker stehende Körnchen. Die Bursalspalten sind etwas divergierend. Der Buckel auf den Armgliedern ist bis zum 20. Glied deutlich. Vom zweiten Armglied an erscheinen je zwei Tentakelpapillen. Vom 40. Armglied ab verwandeln sich die Tentakelpapillen plötzlich in Häkchen.

Bei einem großen Exemplar von Station 5661 mit einem Scheibendurchmesser von 26 mm ist die Armlänge ebenfalls das 10—11 fache. Wärzchen fehlen auf den Radialschildern ganz, auf den ersten 10—14 Armgliedern stehen sie paarweise als niedere Buckel, dann verschwinden sie ganz. Tentakelpapillen finden sich je zwei vom zweiten Armglied an als kurze dicke abgerundete Stümpfe mit rauh gekörnelter Oberfläche, kaum länger als dick; sie gehen vom 47. Glied an plötzlich in Häkchenform über (nach dem ersten Armdrittel) mit drei und zuletzt nur noch mit zwei Spitzen. Hie und da finden sich bei diesem Exemplar drei Tentakelpapillen nebeneinander.

Durchmesser der Scheibe in mm	14	25
Höhe der Scheibe	7	9
Zentrum bis interbrachialer Rand des Mundskeletts	5	8
Länge einer Genitalspalte	2	4.5
Breite der Arme an ihrer Basis	4	6
Höhe der Arme an ihrer Basis	4	6

Astroceras compressum nov. sp.
Taf. 9, Fig. 4—4b.

Station 5501. Mindanao, Macabalan Pt. Lt. 8⁰ 37′ 37″ N, 124⁰ 35′ E, 214 fath., fine Sand, gray Mud; Temp. 54.3⁰ F.

Der Durchmesser der Scheibe beträgt 13 mm, ihre Höhe 4 mm, Entfernung vom Zentrum zum Rand des Mundskeletts 4 mm. Die Armlänge ist etwa 15—16 mal so groß wie der Durchmesser der Scheibe, nahe der Scheibe ist die Breite der Arme 2 mm, ihre Höhe 3 mm. Die Bursalspalten sind 2 mm lang.

Die Scheibe ist oben ziemlich flach, die Radialschilder sind sehr schmal und ragen etwas hervor; jedes Paar verläuft annähernd parallel zu einander. Sie reichen bis zum zweiten Armglied. Jedes Radialschild trägt außer einigen winzigen Wärzchen am äußeren Ende ein bis drei kegelförmige Stachelchen auf einem gemeinsamen Sockel. Der Außenrand der Scheibe ist eingebuchtet, die Seiten fast senkrecht, und die Genitalspalten divergieren sehr stark. Zu beiden Seiten der kräftigen Zähne schließt sich eine Vertikalreihe schuppenförmiger kleiner Papillen an. Mundpapillen fehlen ganz. In einem Interbrachialraum ist die Außenseite des unpaaren Mundschildes stärker gewölbt und zeigt einen großen Porus für den Steinkanal. Die ganze Scheibe ist mit nackter Haut bedeckt; nur der adradiale Rand der Genitalspalten ist mit kleinen Plättchen gepflastert, die über dem harten Interbrachialrand zusammenstoßen.

Die schmalen langen Arme sind über 1½ mal so hoch als breit. Von mehr als 20 der ersten Glieder jedes Armes trägt ein jedes auf dem Rücken ein Paar kleiner schlanker beweglicher Stümpfe, deren jeder von einem spangenartigen Skelettstück getragen wird, das die halbe Höhe des Armes erreicht. Die Arme erreichen in der Mitte ihrer Höhe die größte Breite und sind an der dorsalen Kante, wo die Stachelchen sich finden, viel schmäler, so daß die beiden Stachelreihen einander sehr genähert sind. Schon zwischen den Stacheln, vor allem aber weiter außen können bald spärlicher bald zahlreicher sehr kleine weiße Körnchen vorhanden sein, die auf die Mitte des Armrückens beschränkt sind und erst vor Beginn der zweiten Armhälfte verschwunden sind. Die ganzen Arme sind sonst wie die Scheibe von einer durchscheinenden dünnen nackten Haut bedeckt.

Vom zweiten Armglied an erscheinen zwei schlanke Papillen neben jeder Tentakel, deren äußere halb so lang wird wie ein Armglied, die innere noch etwas länger (mitunter auch je drei Papillen, deren äußerste die kleinste ist). Die sie tragenden Seitenplatten werden an den äußeren Teilen des Armes immer länger und schlanker; die Papillen werden in der äußeren Armhälfte ziemlich plötzlich zu glasartigen Häkchen, die am Ende der Arme noch zwei Spitzen zeigen.

Diese neue Art unterscheidet sich von *A. pergamena* durch die schlanken Stacheln der Radialschilder und des Armrückens und durch den schmalen basalen Teil ihrer Arme, die bei *A. pergamena* an ihrer dorsalen Kante breiter, bei der neuen Art schmäler sind als in der Mitte ihrer Höhe; *A. compar* steht in dieser Beziehung in der Mitte. Infolge davon sind die geknöpften Stacheln von *A. pergamena* weit voneinander entfernt und divergieren etwas, die kegelförmigen Stümpfe der neuen Art berühren sich fast. Bei *A. compar* sind diese Hervorragungen nur als niedere Warzen vorhanden. Bei *A. compar* und *A. pergamena* sind die Arme an ihrer Basis kaum höher als breit, bei der neuen Art sind sie viel höher als breit

Sthenocephalus indicus Koehler.
Taf. 8, Fig. 3—6.

Sthenocephalus indicus Koehler 1898, Bull. scient. France et Belgique, T. 31, p. 112, Taf. 5, Fig. 48
bis 49.
Sthenocephalus indicus Koehler 1900, Illustr. of the Shallow-water Ophiuroidea. Calcutta. Taf. 22,
Fig. 53.

Station 5125. Ostküste von Mindoro, Malabrigo Lt.; 13⁰ 12′ 45″ N, 121⁰ 38′ 45″ E; 283 fath.; green Mud.

Station 5214. Masbate, Palanog Lt.; 12⁰ 25′ 18″ N, 123⁰ 37′ 15″ E; 218 fath., green Mud. Temp. 51.4⁰ F.

Station 5378. Mompog Id.; 13⁰ 17′ 45″ N, 122⁰ 22′ E; 395 fath.; soft green Mud. Temp. 50.4⁰ F.

Station 5388. Zwischen Burias und Luzon, Bagatao Id.; 12⁰ 51′ 30″ N, 123⁰ 26′ 15″ E; 226 fath.; soft
green Mud. Temp. 51.4⁰ F.

Station 5391. Zwischen Samar und Masbate. Tubig Pt. (Destacado Id.); 12⁰ 13′ 15″ N, 124⁰ 5′ 3″ E; 118 fath.;
Fragmente von Scheibe und Armen.

Station 5504. Nord-Mindanao, Macabalon Pt.; 8⁰ 35′ 30″ N, 124⁰ 36′ E; 200 fath.; green Mud.

Station 5626. Kayoa Id.; 0⁰ 07′ 30″ N, 127⁰ 29′ E; 265 fath.; gray Mud, fine Sand.

Station 5661. Flores Sea, C. Lassa; 5⁰ 49′ 40″ S, 120⁰ 24′ 30″ E; 180 fath.; hard. Temp. 50.5⁰ F.

Die Oberfläche der Scheibe und der Arme ist völlig nackt, nur am äußeren Ende der Radialschilder sind manchmal einzelne kleine Dornen sichtbar, besonders bei kleineren Exemplaren. Die Radialschilder sind in ihrer ganzen Länge ungefähr gleichbreit, mitunter an beiden Enden etwas verbreitert. Die Scheibe ist interbrachial eingebuchtet, aber in sehr verschiedenem Grade.

Vom Ende der Radialschilder ab erstreckt sich das Genitalschild als schmale Spange längs des peripheren Scheibenrandes gegen die Mitte des Interbrachialraumes zu und nimmt noch an der Bildung des abradialen Randes der Bursalspalten teil, ist aber sehr variabel. Die laterale Fläche des Interradialraums ist sehr breit und zeigt beiderseits auffallend große und breite Bursalspalten. Der Raum zwischen ihnen zeigt Kalkplättchen.

Die Kiefer ragen bei großen und kleinen Exemplaren stark vor. Ihre beiden Hälften schließen dicht aneinander, ebenso die beiden großen Seitenmundschilder, zwischen die sich vom Rand aus das unpaare Mundschild als kleiner dreieckiger Keil einschiebt.

Bei *Sthenocephalus* konnte ich an Alkoholexemplaren keine Spur einer äußeren Madreporenöffnung finden; doch zeigte sich bei einem etwas macerierten und nachher getrockneten Stück an dieser Stelle ein kurzer halbkreisförmiger dorsaler Fortsatz des unpaaren Mundschildes in jedem Interbrachialraum, der einige (acht bis zehn) Poren, aber ziemlich undeutlich aufwies. Bei trockenen Exemplaren sind sie stets hier mehr oder weniger deutlich zu beobachten.

Die Kieferbewaffnung besteht wesentlich aus einer Vertikalreihe von fünf bis sieben kräftigen schaufelförmigen Zähnen. Neben dem äußersten oft schmäleren Zahn können an einigen Kiefern noch ein bis zwei kleine Papillen stehen, die den Zahnpapillen entsprechen; wohlentwickelte weitere Papillen sind nicht vorhanden; dagegen sind die Seiten der Kiefer besonders neben der Zahnreihe mit mehr oder weniger zerstreut stehenden kleinen Körnchen bedeckt, die nur an trockenen Exemplaren deutlicher sichtbar werden und auch auf der buckelförmigen äußeren Oberfläche der Kiefer vorhanden sind.

Die Arme sind bei *Sthenocephalus* am Rand der Scheibe sehr viel schmäler als der sie trennende Interbrachialraum, und sie verschmälern sich wenig bis zur ersten Gabelung.

Bei *Sthenocephalus* stoßen die Seitenschilder vom zweiten Armglied an ventral in der Mitte zusammen, und die Reste der Bauchschilder liegen distal vor ihnen und füllen an den ersten Armgliedern den Zwischenraum zwischen den aufeinanderfolgenden Seitenschildern aus. Die Gattung *Sthenocephalus* stellt in dieser Beziehung ein *Asteroschema* mit verzweigten Armen dar, während *Trichaster*, bei dem jedes Paar von Seitenschildern durch ein wohlentwickeltes Bauchschild getrennt ist, einem verzweigten *Astrobrachion* entspricht. An Stelle der Rückenschilder finden sich bei *Sthenocephalus* an jedem Armglied an dessen Seiten je zwei Querreihen kleiner, unter der Haut versteckter, mehr oder weniger gewölbter Plättchen, die den Wirbeln aufliegen, wie das auch bei *Trichaster* und *Euryala* der Fall ist. Es sind wohl die Reste der Dorsalschilder. Die Tentakelpapillen, bezw. Tentakelhäkchen gleichen bei *Sthenocephalus* durchaus denen von *Euryala* mit zwei Spitzen.

Die Zahl der aufeinanderfolgenden Gabelungen, die ich an einem Arm zählte, betrug bei einem kleinen mir vorliegenden Exemplar von *Sthenocephalus* mit einem Scheibendurchmesser von 16.5 mm meistens fünf, in einigen Fällen sechs. Ein Exemplar von 21 mm Scheibendurchmesser zeigte zum Teil je sieben Gabelungen. Ebensoviele fand ich bei 32 mm Scheibendurchmesser. Bei 43 mm zählte ich acht bis neun Gabelungen, und bei dem größten Exemplar von 52 mm waren elf aufeinanderfolgende Gabelungen vorhanden.

Die beiden einer Gabelung folgenden Äste sind fast stets an Länge und Stärke etwas verschieden, doch stets nur sehr unbedeutend. Das zeigt sich schon in der Gliederzahl der beiden einer Gabelung folgenden Armabschnitte, die fast stets nur geringe Unterschiede aufweist. Der Hauptstamm ist daher an den Armen kaum von den anderen Ästen zu unterscheiden.

Die Gliederzahl im ersten Armabschnitt vor der ersten Gabelung beträgt bei dieser Art zwischen 19 und 35, die der folgenden Armabschnitte längs eines Hauptstammes gewöhnlich zwischen 17 und 25, selten beträchtlich mehr oder weniger. Die geringste Gliederzahl war 11, die größte 37. Oft ist die Gliederzahl am vorletzten Armabschnitt besonders hoch.

Die Gliederzahl an den aufeinanderfolgenden Armabschnitten längs eines Hauptstammes betrug bei 32 mm Scheibendurchmesser:

$$30 \begin{cases} 17 \; . \; . \\ 17 \quad \begin{cases} 25 \; . \; . \; . \\ 31, \, 16, \, 20, \, 19, \, 29 + 1. \; - \end{cases} \end{cases}$$

bei 43 mm Scheibendurchmesser:

$$\begin{cases} 23 \begin{cases} 19, \, 20, \, 18, \, 27, \, 26, \, 20, \, 27, \, 32, \, 10. \; - \\ 17 \begin{cases} 17 \; . \; . \; . \\ 15 \; . \; . \; . \end{cases} \end{cases} \\ 24 \begin{cases} 19 \quad \begin{cases} 17, \, 19, \, 20, \, 19 \begin{cases} 19, \, 23, \, 10. \; - \\ 15, \, 23, \, 2. \; - \end{cases} \\ 13 \; . \; . \; . \end{cases} \\ 16 \; . \; . \end{cases} \end{cases}$$

bei 52 mm Scheibendurchmesser:

20; 11, 16, 17, 17, 19, 19, 27, 23, 23, 37, 1. —

Masstabelle von Sthenocephalus indicus

Station	5378				5388
Größter Durchmesser der Scheibe in mm . .	14	21	38	41	33
Zentrum bis erste Tentakel in mm	5	6	8	8	7
Zentrum bis weicher Interbrachialraum in mm .	5	6	9	9	7
Zentrum bis erste Gabelung in mm . . .	33—40	32—37	52	45—58	43—49
Länge einer Bursalspalte in mm	3	5	11	11	8.5
Bursalspalte reicht bis Armglied Nr. . . .	3	4	6	6	5
Radialschild reicht bis Armglied Nr. . . .	3	4	6	6	5
Armbreite nahe der Scheibe in mm . . .	2.5	3	5.2	5	4
Armhöhe nahe der Scheibe in mm	3	3.5	5.9	5.3	4
Armbreite vor der ersten Gabelung in mm .	2	2.3	4	4.3	3
Entfernung von erster bis zweiter Gabelung in mm	16—19	18	21—26	21—28	16—24
Zahl der Armglieder vor erster Gabelung . .	20—33	20—22	20—25	19—28	21—35
Zahl der aufeinanderfolgenden Gabelungen . .	7	7	9	9	6

Trichaster elegans Ludwig

Trichaster elegans Ludwig 1878, Zeitschr. wiss. Zool. Bd. 31, p. 59, Taf. 5.
    „   „   Bomford 1914, Rec. Indian Mus. Vol. 9, p. 222, Taf. 13, Fig. 3—4.
    „   „   Matsumoto 1917, Journ. Coll. sc. Tokyo, Vol. 38,2, p. 38, Fig. 8 a—d.
Station 5213. East of Masbate Id., Destacado Id.; 12⁰ 15′ N, 123⁰ 57′ 30″ E; 80 fath.; Sand, Mud, Shells.

Von dieser Art liegt mir ein einziges kleineres Exemplar vor mit einem Scheiben-durchmesser von 14 mm. Es stimmt mit den Beschreibungen und Abbildungen von Ludwig und Bomford so gut überein, daß es nicht zweifelhaft sein kann, daß es zu dieser Art gestellt werden muß. Die fast kreisrunde Grube, in der die Bursalspalten liegen, hat eine Breite und Höhe von 2.2 mm; die Entfernung der Bursalspalten von einander beträgt 1.3 mm. Die Ränder der Bursalspalten sind fein gekörnelt. Die Zahl der Armglieder bis zur ersten Gabelung beträgt bei den fünf Armen 46, 68, 52, 50. 45, variiert also sehr bedeutend. Die Zahl der aufeinanderfolgenden Gabelungen scheint nicht mehr als drei bis vier zu betragen. Die Armbreite, die an der Basis der Arme 5 mm beträgt, schwankt bei den verschiedenen Armen vor der ersten Gabelung zwischen 1 mm und 1.7 mm. Das sind be-trächtliche Abweichungen gegenüber den Feststellungen von Matsumoto. Als einziges charakteristisches Merkmal dieser Art scheint mir nur die völlige Abwesenheit von Stacheln auf den Armen zu gelten.

Trichaster acanthifer nov. sp.
Taf. 9, Fig. 1—1 c.

Trichaster palmiferus Döderlein 1911, Japan. u. andere Euryalae, Taf. 9, Fig. 5.

Nachdem Bomford 1914 und Matsumoto 1917 auf der Trennung des *Trichaster elegans* Ludwig von *Tr. palmiferus* Lamarck bestehen und für letzteren eine Anzahl charakterischer Merkmale angeben, unter denen der sehr schmale Interbrachialraum und der schmale

Zwischenraum zwischen den beiden Bursalspalten die erste Rolle spielen, bin ich genötigt, ein Exemplar ohne näheren Fundort aus dem Indischen Ozean, das ich 1911 unbedenklich unter dem Namen *Tr. palmiferus* von der Unterseite abgebildet hatte, nunmehr als neue Art zu beschreiben.

Das Exemplar von 16 mm Scheibendurchmesser stimmt in allen wesentlichen Merkmalen mit den beiden anderen Arten überein. Der Interbrachialraum ist aber breit und die Bursalspalten sind verhältnismäßig weit von einander entfernt, nämlich 2.5 mm, und liegen in einer kreisrunden Grube von 3 mm Höhe und Breite. Das Exemplar zeigt also in diesen Beziehungen nicht die von den genannten Autoren hervorgehobenen Merkmale von *Tr. palmiferus*, sondern in ausgeprägtem Maße die von *Tr. elegans*, von welcher Art mir ein fast gleichgroßes Exemplar vorliegt. Die Körnelung der Ränder der Bursalspalten erstreckt sich hier auch auf einen größeren Teil der ganzen Bursalgrube.

Das Exemplar erinnert aber andererseits durchaus an *Tr. palmiferus* durch das Auftreten von Stacheln auf dem proximalen Teil der Arme. Nach Matsumoto stehen sie bei dieser Art paarweise auf jedem Armgliede. Bei dem von mir 1911 beschriebenen sehr großen Exemplar dieser Art sind diese Stacheln sehr stark verkümmert und nur noch in einzelnen Resten vorhanden. Bei dem vorliegenden Exemplar sind diese Stacheln nun sehr wohl entwickelt, und zwar trägt von den ersten 24 Armgliedern durchschnittlich jedes zweite einen solchen kräftigen, beweglichen, konischen Dorsalstachel auf einer Seite, deren größte etwa 1.5 mm lang und 1 mm dick sind. Sie stehen alternierend zu beiden Seiten der seichten dorsalen Längsfurche, die längs der Mittellinie der Arme sich erstreckt. Ihre Gegenwart veranlaßt den etwas dreieckigen Querschnitt der Arme gegenüber dem mehr quadratischen, den die stachellosen Arme von *Tr. elegans* zeigen.

Jedes Armglied im proximalen Teil der Arme zeigt einen von der Basis der Tentakelpapillen nach oben ziehenden reifenartigen Wulst, der von drei bis fünf dicht übereinanderliegenden stark konvexen Höckern gebildet wird. Diese vorstehenden Querreihen von Höckern sind von einander durch je eine unregelmäßige Querreihe flacher Plättchen getrennt. Auch bei den anderen *Trichaster*-Arten lassen sich diese Höcker und Plättchen erkennen, aber viel undeutlicher. Es sind ja die Reste der Dorsalplatten.

Die Zahl der Armglieder bis zur ersten Gabelung beträgt an den fünf Armen 44, 36, 38, 43, 44, entspricht also der etwa, die Matsumoto für *Tr. elegans* angibt. Die Breite der Arme an ihrer Basis ist 6 mm, vor der ersten Gabelung schwankt sie zwischen 1.7 und 2 mm.

Die Zahl der aufeinanderfolgenden Armgabelungen beträgt 3—4. Die Zahl der Armglieder an aufeinanderfolgenden Armabschnitten war in einem Falle: 43; 15, 17, 76 +.... Die Endabschnitte der Arme bestehen oft aus sehr zahlreichen (gegen 100) Gliedern.

An meinem großen Exemplar von *Tr. palmiferus* ist die Zahl der Armglieder vor der ersten Gabelung 49, 54, 56, 53, 62, bei dem kleinen Exemplar von *Tr. elegans* 46, 68, 52, 50, 45.

Diese neue „Art" zeigt also eine merkwürdige Mischung von Merkmalen, durch die angeblich *Tr. elegans* und *Tr. palmiferus* sich unterscheiden sollen. Mir scheinen alle die angegebenen Unterscheidungsmerkmale so variabel und so vom Alter und Erhaltungszustand abhängig zu sein, daß ich erwarte, daß bei reicherem Material die jetzt unterschiedenen drei Arten wieder zu einer Art zusammengefaßt werden müssen.

Euryala aspera Lamarck.

Euryale asperum Lamarck 1816, Hist. nat. anim. sans vert., Vol. 2, p. 538.
Euryale aspera Studer 1884, Abh. K. Preuss. Akad. Wiss. Berlin, p. 53, Taf. 5, Fig. 10a—c.
Euryala aspera Döderlein 1911, Über japanische und andere Euryalae. Abh. math.-phys. Kl.
    K. Bayer. Ak. Wiss., 2. Suppl.-Bd., 5. Abh., p. 18, 65, 98 und 115, Taf. 5, Fig. 7, 7a
    (Literatur).

Station 5136. Jolo Lt., 6° 04′ 20″ N, 120° 59′ 20″ E, 22 fath., Sand, Schalen.
Station 5146. Sulu-Archipel, Sulade Id.; 5° 46′ 40″ N, 120° 48′ 50″ E; 24 fath., Corallen-Sand, Schalen.
Station 5149. Sulu-Archipel, Sirun Id.; 5° 33′ N, 120° 42′ 10″ E; 10 fath.; Corallen, Schalen.

Von dieser Art liegen nur kleine Exemplare vor.

Übersicht der Gattungen und Arten von Euryalae.

Es sind hier sämtliche bisher beschriebenen Arten der Euryalae aufgeführt mit Ausnahme der Gattung *Asteroschema* (inkl. *Ophiocreas*). Die vor 1911 beschriebenen Arten dieser umfangreichen Gattung sind in meiner früheren Schrift (Japanische u. andere Euryalae, 1911) zusammengestellt. Auch die ältere Literatur vor 1911 ist aus dieser früheren Schrift zu vervollständigen.

1. Familie **Gorgonocephalidae**
1. Gattung **Astrotoma** Lyman 1875. — p. 21.

1. *Astrotoma agassizi* Lyman 1875. — p. 21.

> *Astrotoma agassizi* Döderlein 1911, p. 100 (Literatur).
> „ „ Bell, p. 5.
> „ „ Koehler 1922 (Antarktik), p. 9, Taf. 76, Fig. 1—11, 60—67⁰ S, 94—145⁰ O, 200—595 m.
> „ „ Koehler 1923, p. 102, Graham-Land, Süd-Georgien, West-Falkland, 125—197 m.
> Antarktisch und subantarktisch, 4—595 m.

2. *Astrotoma deficiens* (Koehler) 1922. — p. 20.

> *Astrothamnus deficiens* Koehler 1922 (Philipp.), p. 35, Taf. 1, Fig. 1—10.
> Celebes, 1183 m.

3. *Astrotoma tuberculatus* Koehler 1923. — p. 21.

> *Astrothamnus tuberculatus* Koehler 1923, p. 133, Fig. 1 a—f.
> Isle Seymour, 64⁰ 20′ S, 56⁰ 38′ W, 150 m.

4. *Astrotoma manilensis* nov. sp., p. 19, Taf. 1, Fig. 1—1 b.

> Philippinen, 720 m.

Incertae sedis:

Astrotoma bellator Koehler 1904, p. 154, Taf. 19, 23, 28. — p. 23.
> *Astrothamnus bellator* Matsumoto 1915, p. 59.
> Sulu-See, 275 m.

Astrotoma vecors Koehler 1904, p. 155, Taf. 21, 27, 32. — p. 23.
> *Astrothamnus vecors* Matsumoto 1915, p. 59.
> Banda-See, 204 m, Timor, 520 m.

Astrotoma rigens Koehler 1910, p. 86, Taf. 5, Fig. 5—8. — p. 23.
> *Astrothamnus rigens* Matsumoto 1915, p. 59.
> Mosera, Arabisches Meer, 900 m.

Astrotoma benhami Bell 1917, p. 8. — p. 21.
> *Astrotoma benhami* Mortensen 1922, p. 104, Fig. 3, Taf. 4, Fig. 6—7.
> Neuseeland, Three Kings Isl., 550 m.

Astrothamnus rugosus H. L. Clark 1916, p. 85, Taf. 35, Fig. 1—2.
Bass-Straße, 146—550 m,   Viktoria, 366 m.

Astrothamnus papillatus H. L. Clark 1923 (S. Afrika), p. 316, Taf. 20, Fig. 5—6.
Süd-Afrika., 110—567 m.

2. Gattung **Astrocrius** nov. genus. — p. 21.

1. *Astrocrius sobrinus* (Matsumoto) 1915 — p. 21.
   Astrotoma sobrina Matsumoto 1915, p. 61.
   „   „   Matsumoto 1917, p. 88, Fig. 26a—c, Taf. 2, Fig. 9—10.
   Astrotoma murrayi Döderlein 1911, p. 23, Fig. 1a—c, Taf. 6, Fig. 1—1a, Taf. 7, Fig. 14—14b.
   Japan, Misaki, 400 m.

2. *Astrocrius murrayi* Lyman 1879 — p. 21.
   Astrotoma murrayi Lyman 1879, p. 61, Taf. 18, Fig. 474—476.
   „   „   Lyman 1882, p. 272, Taf. 22, Fig. 5—7.
   Molukken, Misul, 366 m.

3. *Astrocrius waitei* Benham 1909 — p. 21.
   Astrotoma waitei Benham 1909, p. 19, Taf. 9, Fig. 1—6.
   „   „   Mortensen 1922, p. 104, Taf. 4, Fig. 2.
   Nördl. Neuseeland.

3. Gattung **Astrothamnus** Matsumoto 1915. — p. 23.

1. *Astrothamnus echinaceus* Matsumoto 1915 — p. 22.
   Astrothamnus echinaceus Matsumoto 1915, p. 59; Matsumoto 1917, p. 86, Fig. 25a—c, Taf. 2, Fig. 11.
   Japan, Sagami-Bai.

2. *Astrothamnus mindanaensis* nov. sp., p. 21, Taf. 1, Fig. 2—2c.
   Mindanao, 296—622 m.

4. Gattung **Astrothrombus** H. L. Clark 1909.

1. *Astrothrombus rugosus* H. L. Clark 1909.
   Astrothrombus rugosus H. L. Clark 1909, p. 548, Taf. 54, Fig. 3.
   Sydney, 100 m.

2. *Astrothrombus chrysanthi* Matsumoto 1918.
   Astrothrombus chrysanthi Matsumoto 1918, p. 475.
   Kinkwasan bei Sendai, Japan.

5. Gattung **Astrothorax** Döderlein 1911.

1. *Astrothorax misakiensis* Döderlein 1911.
   Astrothorax misakiensis Döderlein 1911, p. 24, Fig. 3a—c, Taf. 6, Fig. 2—2b; Taf. 7, Fig. 12.
   Japan, Misaki.

6. Gattung **Astrochlamys** Koehler 1911.

1. *Astrochlamys bruneus* Koehler 1911.

> *Astrochlamys bruneus* Koehler 1911, p. 736.
> „   „   Koehler 1912, p. 142, Taf. 11, Fig. 3, 4, 6, 7, 14, 15.
> „   „   Koehler 1923, p. 103.
>
> Bai Marguerite 200 m; Graham-Region, 63° 50′ S, 61° 6′ W, 290 m.

7. Gattung **Astrochele** Verrill 1878.

1. *Astrochele lymani* Verrill 1878.

> *Astrochele lymani* Verrill 1878, p. 374.
> „   „   Lyman 1883, p. 280.
> „   „   Grieg 1921, p. 38, 42° 59′ N, 51° 15′ W, 1100 m; 3.7° C.
> „   „   H. L. Clark 1915, p. 181, Taf. 2, Fig. 6, Nantucket, 556—1793 m.
>
> Nova Scotia; Nordost-Amerika, 366—2933 m.

2. *Astrochele laevis* H. L. Clark.

> *Astrochele laevis* H. L. Clark 1911, p. 281, Fig. 143, Beringsmeer bei Alaska, 111—908 m.
> „   „   H. L. Clark 1915, p. 181, Aleuten 868 m.
>
> Beringsmeer, 111—908 m.

8. Gattung **Asteroporpa** Oerstedt u. Lütken 1856.

1. *Asteroporpa annulata* Oerstedt u. Lütken 1856.

> *Asteroporpa annulata* Döderlein 1911, p. 24, Fig. 2a—f., p. 101 (Literatur).
> „   „   H. L. Clark 1915, p. 183.
> *Asteroporpa affinis* Lütken 1859, p. 256, Taf. 5, Fig. 5.
>
> Westindien bis Maryland, 37—305 m.

2. *Asteroporpa australiensis* H. L. Clark 1909.

> *Asteroporpa australiensis* H. L. Clark 1909, p. 547, Taf. 54, Fig. 2, Australien, bei Sydney, 100 m.
> „   „   H. L. Clark 1916, p. 80, Bass-Straße 119—293 m, Viktoria 128—366 m.
>
> Südl. Australien, 100—366 m.

3. *Asteroporpa hadracantha* H. L. Clark 1911.

> *Asteroporpa hadracantha* H. L. Clark 1911, p. 280, Fig. 142, Japan, Honshu u. Kiushiu, 64—194 m.
> „   „   Matsumoto 1917, p. 67, Fig. 17a—b, Ujishima, Osumi 146—164 m;
>   Sagami-See, 274—366 m.
>
> Japan, 64—366 m.

4. *Asteroporpa pulchra* H. L. Clark, 1915.

> *Asteroporpa pulchra* H. L. Clark 1915, p. 182, Taf. 2, Fig. 7.
>
> Barbados, 102—229 m.

5. *Asteroporpa wilsoni* Bell 1917.

> *Asteroporpa wilsoni* Bell 1917, p. 7.
> „   „   Mortensen 1922, p. 106, Taf. 4, Fig. 8—9.
>
> Neuseeland, North Cape, 128 m.

9. Gattung **Astrogomphus** Lyman 1870.

1. *Astrogomphus vallatus* Lyman 1870, p. 350. — (Döderlein 1911, p. 101, Literatur).
    Astrogomphus vallatus H. L. Clark 1915, p. 181.
        Georgia, Westindien, 146—616 m.

2. *Astrogomphus rudis* Verrill 1899, p. 82, Taf. 7, Fig. 1—1a.
        Westindien, 212—366 m.

3. *Astrogomphus munitus* Koehler 1904, p. 157, Taf. 22, Fig. 6, Taf. 32, Fig. 1.
        Ternate 1089 m.

10. Gattung **Astrocnida** Lyman 1872. — p. 23.

1. *Astrocnida isidis* (Duchassaing) 1850, p. 6.
    Astrocnida isidis Döderlein 1911, p. 26, Fig. 4a—b, p. 102 (Literatur).
        Westindien, 5—220 m.

11. Gattung **Astroclon** Lyman 1879. — p. 23.

1. *Astroclon propugnatoris* Lyman 1879.
    Astroclon propugnatoris Lyman 1879, p. 69, Taf. 18, Fig. 481—486.
        „   „   Lyman 1882, p. 267, Taf. 24, Fig. 6—11.
        Tenimber-Ins., 236 m.

2. *Astroclon suensoni* Mortensen 1911.
    Astroclon suensoni Mortensen 1911, p. 209.
        Japan, 32° 20′ N, 128° 15′ O, 200 m, 11.1° C.

12. Gattung **Conocladus** H. L. Clark 1909. — p. 24 (Döderlein 1911, p. 68).

1. *Conocladus ocyconus* H. L. Clark 1909.
    Conocladus oxyconus H. L. Clark 1909, Mus. C. Z., p. 132, Fig. 1—3.
        „   „   H. L. Clark 1909 (Thetis), p. 550.
        „   „   Döderlein 1911, p. 69, Taf. 9, Fig. 3—3b.
        „   „   H. L. Clark 1916, p. 81.
        N. S. Wales, 27—91 m; Süd-Australien.

2. *Conocladus amblyconus* H. L. Clark 1909.
    Conocladus amblyconus H. L. Clark 1909 (Thetis), p. 549, Taf. 55, Fig. 1—2.
        „   „   Döderlein 1911, p. 70, Taf. 9, Fig. 4—4a.
        „   „   H. L. Clark 1916, p. 81.
        N. S. Wales 18—137 m; Süd-Australien.

3. *Conocladus microconus* H. L. Clark 1914.
    Conocladus microconus H. L. Clark 1914, p. 156, Taf. 25.
        „   „   H. L. Clark 1915, p. 184.
        West-Australien, 146—219 m.

13. Gattung **Astroconus** Döderlein 1911. — p. 24.

1. *Astroconus australis* (Verrill) 1876.

Astrophyton australe Verrill 1876, p. 74.
Gorgonocephalus australis Lyman 1882, p. 265.
Astroconus australis Döderlein 1911, p. 37, Fig. 7a—b, p. 71, Taf. 5, Fig. 2, 2a; Taf. 9, Fig. 2.
     „   „   Döderlein 1912, p. 263.
     „   „   H. L. Clark 1916, p. 82.
     Tasmania, Bass-Str., Viktoria, Süd-Australien, 31—421 m.

14. Gattung **Gorgonocephalus** Leach 1815, em. Döderlein 1911. — p. 24.

1. *Gorgonocephalus caput-medusae* (Linné) 1761.

Gorgonocephalus caput-medusae Döderlein 1911, p. 6 u. 102 (Literatur).
     „   „   Mortensen 1924 (Pighude), p. 154, Fig. 66.
     „   „   Mortensen 1924 (Trondhjem Fjord), p. 13.
     „   „   Mortensen 1927, p. 162, Fig. 91, 92.
     „   *lincki* Koehler 1924, p. 233.

2. *Gorgonocephalus lamarcki* (Müller u. Troschel) 1842.

Gorgonocephalus lamarcki Döderlein 1911, p. 103 (Literatur).
     „   „   Mortensen 1913, p. 364, West-Grönland, 700—775 m, nicht Ostküste.
     „   „   Koehler 1924, p. 233.
     „   „   Mortensen 1927, p. 164, Fig. 93,1.

3. *Gorgonocephalus arcticus* Leach 1819. — p. 27, Brown's Bank, Nova Scotia.

Gorgonocephalus arcticus Döderlein 1911, p. 103 (Literatur).
     „   „   Mortensen 1913, p. 363, West- und Ost-Grönland.
     „   „   Koehler 1924, p. 231.
     „   „   Fedotov 1924, p. 304, Fig. 1—4, juv. auf *Gersemia glomerata*.
     „   „   Schorygin 1925, p. 14.
     „   *agassizi* v. Hofsten 1915, p. 124, Eisfjord 97—260 m.
     „   „   Koehler 1909, p. 206, Taf. 9, Fig. 1.

4. *Gorgonocephalus eucnemis* (Müller u. Troschel) 1842.

Gorgonocephalus eucnemis Döderlein 1911, p. 103 (Literatur).
     „   „   Mortensen 1910, p. 275, 50—178 m.
     „   „   Grieg 1910, p. 6, Taf. 1, Fig. 2—3.
     „   „   Koehler 1913, p. 31.
     „   „   Mortensen 1913, p. 362, West- und Ost-Grönland, 14—180 m.
     „   „   v. Hofsten 1915, p. 132, Eisfjord, 14—1187 m.
     „   „   Koehler 1924, p. 232.
     „   „   Fedotov 1924, p. 304, juv. auf *Gersemia glomerata*.
     „   „   Schorygin 1925, p. 14.
     „   „   Fedotov 1926, p. 407.
     „   „   Mortensen 1927, p. 163, Fig. 93,2.

5. *Gorgonocephalus caryi* (Lyman) 1860.

Gorgonocephalus caryi Döderlein 1911, p. 104 (Literatur), Kalifornien.
     „   „   Matsumoto 1917, p. 71, p. p.
     „   *japonicus* Döderlein 1902, p. 321, Japan.
     „   „   Döderlein 1911, p. 31, Fig. 5a—d, Taf. 1, Fig. 1—3; Taf. 7, Fig. 1—2c.
     „   *sagaminus* Doflein 1906, Ostasienfahrt p. 204, Fig.
     „   *japonicus* Döderlein 1912, p. 264, Taf. 17, Fig. 3.

92

6. *Gorgonocephalus tuberosus* Döderlein 1902.

> *Gorgonocephalus tuberosus* Döderlein 1902, p. 322.
> „   „   Döderlein 1911, p. 33, Taf. 2, Fig. 1, 1a, 2.
> „   „   Matsumoto 1917, p. 71, Fig. 19a—c.
> Japan, Sagami-See, 240 m.

7. *Gorgonocephalus stimpsoni* (Verrill) 1869. — p. 28, Taf. 2, Fig. 3—3b; 37—783 m.
> *Astrophyton stimpsoni* Verrill 1869, p. 388.
> *Gorgonocephalus stimpsoni* Lyman 1882, p. 264.
> „   „   Döderlein 1911, p. 31 u. 104; 9—108 m.
> Nördlich von Beringstraße, Ochotskisches Meer (Verrill); Sachalin; Korea,
> Broughton-Bai; 9—783 m.

8. *Gorgonocephalus diomedeae* Lütken u. Mortensen 1899.
> *Gorgonocephalus diomedeae* Lütken u. Mortensen 1899, p. 188, Taf. 21, Fig. 5, Taf. 22; Fig. 1.
> Panamabucht 1270 m.

9. *Gorgonocephalus chilensis* (Philippi) 1858. — p. 30, Patagonien, 106 m.
> *Gorgonocephalus chilensis* Döderlein 1911, p. 31, Taf. 5, Fig. 5, Taf. 8, Fig. 1—1a (Literatur).
> „   „   Koehler 1923, p. 101, Taf. 14, Fig. 1, West-Falkland, 197 m.
> „   „   H. L. Clark 1923 (South Afrika), p. 318, 421—549 m.
> „   „   May 1924, p. 270.
> „   „   *novae zealandiae* Mortensen 1922, p. 109, Taf. 4, Fig. 1, Neu-Seeland,
> Cook-Straße, 183 m.
> Chile, Chiloe, Magellanstr., Kap Horn, Patagonien, Falklands-Ins., Kapland,
> Kerguelen, Heard-Ins., Neu-Seeland, 22—549 m.

10. *Gorgonocephalus sundanus* nov. sp., p. 25, Taf. 2, Fig. 1—1b.
> Celebes, 835 m.

11. *Gorgonocephalus moluccanus* nov. sp., p. 26, Taf. 2, Fig. 2—2b.
> Molukken, 732 m.

12. *Gorgonocephalus dolichodactylus* Döderlein 1911. — p. 27, Ost-Mindanao, 897 m.
> *Gorgonocephalus dolichodactylus* Döderlein 1911, p. 34, Fig. 6a—d; Taf. 1, Fig. 4, 5; Taf. 4, Fig. 6;
> Taf. 7, Fig. 3—4b. Japan, Sagamibai, 150—200 m.
> „   „   Döderlein 1912, p. 264, Taf. 16, Fig. 2.
> „   „   Matsumoto 1917, p. 73, Fig. 20a—b, Misaki.
> Japan; Philippinen; 150—897 m.

15. Gattung **Astrodendrum** Döderlein 1911. — p. 24.

1. *Astrodendrum sagaminum* (Döderlein) 1902. — p. 32, Osesaki, 119—229 m.
> *Gorgonocephalus sagaminus* Döderlein 1902, p. 321.
> *Astrodendrum sagaminum* Döderlein 1911, p. 38 u. 71, Taf. 2, Fig. 3—5; Taf. 7, Fig. 8; Taf. 8,
> Fig. 6, 6a.
> „   „   H. L. Clark 1911, p. 292.
> „   „   Döderlein 1912, p. 266, Taf. 17, Fig. 4.
> „   „   Bomford 1913, p. 220, Ind. Station Nr. 333.
> „   „   Matsumoto 1917. p. 73, Fig. 21a—b, Misaki, 183—366 m.
> Sagami-See, Osesaki, Goto-Ins., Japanisches Meer, Ostindien, 90—366 m.

2. *Astrodendrum laevigatum* (Koehler) 1898.

> *Gorgonocephalus laevigatus* Koehler 1898 (mer profonde), p. 365, Taf. 9. Fig. 78—79.
> „   „   Koehler 1899, p. 71, Taf. 12, Fig. 97; Taf. 14, Fig. 99.
> *Astrodendrum laevigatum* Döderlein 1911, p. 88.
> „   „   Bomford 1913, p. 219, Fig. 1, Ceylon, 926 m.
>
> Ceylon, Trincomali, Colombo, 260—926 m.

3. *Astrodendrum pustulatum* H. L. Clark 1916. — p. 32, Taf. 1, Fig. 5, 6—6 a, Philippinen, 256—366 m.

> *Astrodendrum pustulatum* H. L. Clark 1916, p. 84, Taf. 34, Fig. 1—2, Bass-Str. 183—550 m.
>
> Bass-Str.; Philippinen; 183—550 m.

4. *Astrodendrum galapagense* A. H. Clark 1916.

> *Astrodendrum galapagensis* A. H. Clark 1916, p. 117.
>
> Galapagos, 718 m.

16. Gattung **Astracme** nov. genus, p. 24 u. 31.

1. *Astracme mucronata* (Lyman) 1869.

> *Astrospartus mucronatus* Döderlein 1911, p. 73, Taf. 9, Fig. 1, 1 a (Literatur).
>
> Westindien, 146—527 m.

17. Gattung **Astrospartus** Döderlein 1911. — p. 24.

1. *Astrospartus mediterraneus* (Risso) 1826.

> *Astrospartus mediterraneus* Döderlein 1911, p. 50 u. 105 (Literatur).
> „   „   Döderlein 1912, p. 266.
> „   „   Mortensen 1925, p. 184, Marokko.
> „   *arborescens* Koehler 1921, p. 65. Fig. 43.
> „   „   Koehler 1924, p. 235.
>
> Mittelmeer, Marokko, ca. 50 m.

18. Gattung **Astrocladus** Verrill 1899. — p. 24.

1. *Astrocladus euryale* (Retzius) 1783. — p. 33.

> *Astrocladus euryale* Döderlein 1911, p. 75 u. 106 (Literatur).
>
> Cap d. g. H., 18—61 m.

2. *Astrocladus exiguus* (Lamarck) 1816. — p. 34, Taf. 5, Fig. 9, Sulu-Arch., 37—90 m.

> *Astrocladus exiguus* Döderlein 1911, p. 76, Taf. 9, Fig. 6 (Literatur).
> „   „   H. L. Clark 1915, p. 187, Japan, Colnett-Strait.
>
> Süd-Japan, Formosa bis Andamanen und Timor, 18—494 m.

3. *Astrocladus ludwigi* (Döderlein) 1896. — p. 33, Taf. 3, Fig. 3—3 b, Sulu-Arch., 33—35 m.

> *Euryale ludwigi* Döderlein 1896, p. 299, Taf. 17, Fig. 28—28 c, Amboina.
> *Astrocladus ludwigi* Döderlein 1911, p. 40, Fig. 8 a—d.
>
> Amboina; Sulu-Arch.; 33—35 m.

94

4. *Astrocladus coniferus* Döderlein 1902.

> *Astrocladus coniferus* Döderlein 1911, p. 46, 75 u. 106, Taf. 2, Fig. 7, 7a; Taf. 4. Fig. 1—3a,
> Taf. 7, Fig. 5—6a, 16. (Literatur).
> „ „ Döderlein 1912, p. 267, Taf. 17, Fig. 5.
> „ „ H. L. Clark 1915, p. 186, Koreastraße, 108 m.
> „ „ Matsumoto 1917, p. 77, Fig. 23a—c, Misaki, 18 m.
> *Astrophyton cornutum* H. L. Clark 1911, p. 293.
> Süd-Japan, 18—200 m.

5. *Astrocladus dofleini* Döderlein 1911. — p. 35, Taf. 3, Fig. 2—2a, Philippinen, 135 m.

> *Astrocladus coniferus dofleini* Matsumoto 1917, p. 77, Fig. 23a—c.
> *Astrocladus dofleini* Döderlein 1911, p. 41, Fig. 9a—f, Taf. 2, Fig. 6. Taf. 3, Fig. 1—4, Taf. 4,
> Fig. 4, 5, Taf. 7. Fig. 15—15b; p. 106 (Literatur).
> „ „ Bomford 1913, p. 220, Fig. 2, Taf. 13, Fig. 1, Westküste von Süd-Indien,
> 75—137 m.
> „ „ Fedotov 1926, p. 473.
> Wladiwostok, Japan, Philippinen, Süd-Indien, 27—278 m.

6. *Astrocladus tonganus* Döderlein 1911. — Taf. 5, Fig. 10.

> *Astrocladus tonganus* Döderlein 1911, p. 77 u. 107, Taf. 9. Fig. 8.
> Tonga-Inseln.

7. *Astrocladus annulatus* Matsumoto 1915.

> *Astrocladus annulatus* Matsumoto 1915, p. 56.
> „ „ Matsumoto 1917, p. 75, Fig. 22a—b.
> Japan, Misaki.

19. Gattung **Astroplegma** nov. gen., p. 24 u. 38.

1. *Astroplegma expansum* nov. sp., p. 36, Taf. 3, Fig. 1—1b.
> Philippinen, 188 m.

20. Gattung **Astroboa** Döderlein 1911. — p. 24 u. 38.

1. *Astroboa clavata* (Lyman) 1861. — p. 38, Taf. 5, Fig. 5, 6.

> *Astroboa clavata* Döderlein 1911, p. 80 und 107, Taf. 5, Fig. 6,6a, Seychellen, Mauritius (Literatur).
> „ „ Döderlein 1912, p. 269, Taf. 16, Fig. 1—1b, Taf. 18, Fig. 8.
> *Astrophyton clavatum* Koehler 1898, Oph. litt., p. 115, Str. v. Ormus, 18 m.
> Indischer Ozean, geringe Tiefe.

2. *Astroboa globifera* (Döderlein) 1902. — p. 38.

> *Astrophyton globiferum* Döderlein 1902, p. 324, Sagami-Bai, 150—200 m.
> *Astroboa globifera* Döderlein 1911, p. 51, Fig. 10a—c, Taf. 2, Fig. 8—9; Taf. 7, Fig. 7—7a.
> „ „ Matsumoto 1917, p. 84, Kotsushima, Izu.
> Japan, Sagami-See u. Izu, 150—200 m.

3. *Astroboa ernae* Döderlein 1911. — p. 38, Taf. 5, Fig. 3.

> *Astroboa ernae* Döderlein 1911, p. 82, Taf. 9, Fig. 7—7a.
> „ „ Döderlein 1912, p. 270, Taf. 17, Fig 6.
> West-Australien, Sharks-Bay, Geraldton, 18—53 m.

4. *Astroboa nuda* (Lyman) 1874. — p. 38 u. 43, Taf. 5, Fig. 1, 2, 4, Sulu-Arch., Suez.

Astrophyton nudum Lyman 1874, p. 251, Taf. 4, Fig. 4—5.
„ „ Lyman 1882, p. 257, Philippinen.
Astrorhaphis nuda Döderlein 1911, p. 54.
Astroboa nuda Döderlein 1911, p. 86.
„ *nigra* Döderlein 1911, p. 83, Taf. 9, Fig. 9—9a.
„ *nuda* Döderlein 1912, p. 269, Taf. 17, Fig. 7.
„ „ Matsumoto 1917, p. 79.
Astrophyton clavatum Pfeffer 1896, p. 48.
„ *elegans* Koehler 1905, p. 123, Taf. 13, Fig. 2, Taf. 18. Fig. 1.
Astroboa elegans Döderlein 1911, p. 50.
Zanzibar, Suez, Flores, Philippinen, Goto-Ins., 22—113 m.

5. *Astroboa arctos* Matsumoto 1915. — p. 38.

Astroboa arctos Matsumoto 1915, p. 57.
„ „ Matsumoto 1917, p. 80, Fig. 24a—b.
Japan, Misaki, 9—18 m.

6. *Astroboa albatrossi* nov. sp., p. 38 u. 41, Taf. 4, Fig. 5—5b.
China-See bei Hongkong, 256 m.

7. *Astroboa nigrofurcata* nov. sp., p. 38 u. 45, Taf. 4, Fig. 1—4.
Palawan, Celebes, Bubuan-Ins., 71—93 m.

21. Gattung **Astrochalcis** Koehler 1905. — p. 24 u. 49.

1. *Astrochalcis tuberculosus* Koehler 1905. — p. 50, Taf. 5, Fig. 7—7b.

Astrochalcis tuberculosus Koehler 1905, p. 130, Taf. 16, Fig. 1-2.
Aru-Ins., Sumbava, 13—73 m.

2. *Astrochalcis micropus* Mortensen 1912. — p. 51, Taf. 5, Fig. 8; Taf. 6, Fig. 1—4a, Sulu-Arch., Palawan, 35—79 m; Salawati, 32 m.

Astrochalcis micropus Mortensen 1912, p. 257, San Bernardino Strait, 12° 27′ N, 124° 3′ O. 90—180 m.
Philippinen, Salawati, 32—180 m.

22. Gattung **Astrophytum** Müller u. Troschel 1842. — p. 24.

1. *Astrophytum muricatum* (Lamarck) 1816.

Astrophytum muricatum Döderlein 1911, p. 52, Fig. 11a—e, Taf. 5, Fig. 1; p. 108 (Literatur).
„ „ Döderlein 1912, p. 271, Taf. 18, Fig. 9.
„ „ H. L. Clark 1915, p. 188, St. Lucia. 510 m.
„ „ H. L. Clark 1919, p. 71.
S.-Carolina, Bahamas, Florida, Tortugas, Jamaica, Kl. Antillen, Brasilien; 5—36 m (510 m).

23. Gattung **Astroglymma** nov. nomen. — p. 24 u. 47.
syn. *Astrodactylus*.

1. *Astroglymma sculptum* Döderlein 1896. — p. 47, Taf. 1, Fig. 3, 4, Taf. 5, Fig. 13.

Astrophyton sculptum Döderlein 1896, p. 299, Taf. 18, Fig. 29.
Astrodactylus sculptus Döderlein 1911, p. 56, Fig. 13a—b, p. 98.
" " Döderlein 1912, p. 271.
Astrophyton gracile Koehler 1905, p. 25, Taf. 17, Fig. 1—2.
Astrodactylus gracilis Döderlein 1911, p. 56.
Sumbava, Amboina, Palawan, 73—93 m.

2. *Astroglymma robillardi* (de Loriol) 1899.

Gorgonocephalus robillardi de Loriol 1899, p. 31, Taf. 3, Fig. 3.
Astrodactylus robillardi Döderlein 1911, p. 96.
Mauritius.

24. Gattung **Astrogordius** Döderlein 1911. — p. 25.

1. *Astrogordius cacaoticus* (Lyman) 1874.

Astrogordius cacaoticus Döderlein 1911, p. 54, 88 u. 108 (Literatur).
Guadeloupe, 36 m.

25. Gattung **Astrocyclus** Döderlein 1911. — p. 25.

1. *Astrocyclus caecilia* (Lütken) 1856.

Astrocyclus caecilia Döderlein 1911, p. 55, Fig. 12a—c, p. 89, Taf. 8, Fig. 2, 2a.
" " Döderlein 1912, p. 272, Taf. 18, Fig. 10.
West-Indien, 5—229 m.

26. Gattung **Astrodictyum** nov. genus, p. 25 u. 56.

1. *Astrodictyum panamense* (Verrill) 1867. — p. 56, Taf. 5, Fig. 12.

Astrophyton panamense Verrill 1867, p. 251, La Paz.
Gorgonocephalus panamensis H. L. Clark 1910, p. 342, Peru, Zorritos.
Astrocaneum panamense Döderlein 1911, p. 95, Taf. 8, Fig. 3.
" " Döderlein 1912, p. 272, Taf. 18, Fig. 11.
Galapagos; Peru, Zorritos; Panama, Perlinsel; Nieder-Kalifornien, La Paz.

27. Gattung **Astrocaneum** Döderlein 1911. — p. 25.

1. *Astrocaneum spinosum* (Lyman) 1875. — p. 25 u. 55, Taf. 5, Fig. 11; Golf von Kalifornien, 17 m.

Astrophyton spinosum Lyman 1875, p. 29, Taf. 4, Fig. 44—47.
Astrocaneum spinosum Döderlein 1911, p. 92, Taf. 8, Fig. 4—5.
" " Döderlein 1912, p. 272.
Panama; **Mazatlan**; La Paz; Golf von Kalifornien, 17 m.

2. *Astrocaneum herrerai* (A. H. Clark) 1918. — p. 56.

Astrocynodus herrerai A. H. Clark 1918, p. 638, Taf. 96.
Yucatan, shallow water.

2. Familie **Trichasteridae**.

1. Gattung **Asteronyx** Müller u. Troschel 1842. — p. 57.

1. *Asteronyx loveni* Müller u. Troschel 1842. — p. 57 u. 59, Taf. 7, Fig. 7—7a, 8.

    Asteronyx loveni Döderlein 1911, p. 115 (inkl. *A. locardi* Koehler, *A. lymani* Verrill u. *A. dispar*
        Lütken u. Mortensen; Literatur).

        -        „   Lyman 1883, p. 282, Taf. 7, Fig. 136—138.

        „   „   Mortensen 1912, p. 264, Taf. 14—18.

        -        „   H. L. Clark 1913, p. 219, Kalifornien und Nieder-Kalifornien, 520—1210 m.
                         37.9°—44.6° F.

        -        .   H. L. Clark 1915, p. 180.

        -        „   H. L. Clark 1916, p. 78, Bass-Str., 119—128 m, Viktoria, 366 m.

        -        „   Matsumoto 1917, p. 33, Fig. 6a—c, Taf. 1, Fig. 14—16, Japan, Hokkaido, Misaki,
                         152—1680 m.

        „   ,   Koehler 1922 (Antarctic), p. 10, Tasmania, Ins. Maria, 2379 m.

        -        „   Koehler 1922 (Philipp.), p. 34, Luzon, Celebes, 563—988 m.

        -        „   Koehler 1924, p. 227.

        -        „   Mortensen 1924 (Pighude), p. 151, Fig. 65.

        -        „   Mortensen 1927, p. 158, Fig. 90.

        -        „   H. L. Clark 1923 (South Afrika), p. 314, Cape Point, 1629—1702 m.

    Asteronyx locardi Koehler 1896, p. 88, Taf. 3, Fig. 25, Portugal; Golf von Biscaya, 411—2030 m.

        -        „   Koehler 1907, p. 303.

        -        „   Mortensen 1912, p. 285.

        -        „   Grieg 1921, p. 38, 50° 22' N, 11° 44' W, 1797 m, 3.5° C.

    Asteronyx lymani Verrill 1899, p. 74, Taf. 8, Fig. 4—4e.

        -        „   Verrill 1899, p. 371, Taf. 42, Fig. 6—6c, Westindien, 377—1845 m.

    Asteronyx dispar Lütken u. Mortensen 1899, p. 185, Taf. 21, Fig. 1—2; Taf. 22, Fig. 10—12,
        Galapagos, Panama, vor dem Golf von Kalifornien, 600—2963 m.

        -        „   H. L. Clark 1913, p. 218, Nieder-Kalifornien und St. Nicolas-Isl., 824—2025 m,
                         37.1°—38.1° F.

        „   „   H. L. Clark 1915, p. 180, Mazatlan.

    Asteronyx cooperi Bell 1909, p. 22, Saya de Malha Bank.

        „   „   Mortensen 1912, p. 284.

    Atlantik: Finmarken bis Portugal und Antillen; Süd-Afrika; Indo-Pazifik:
Beringsmeer bis Galapagos und bis Japan, Molukken, Tasmanien und
Laccadiven; 156—2963 m.

2. *Asteronyx luzonicus* nov. sp., p. 64, Taf. 7, Fig. 4—6d.

    Philippinen und Molukken, 414—622 m.

3. *Asteronyx longifissus* nov. sp., p. 65, Taf. 7, Fig. 1—3.

    Oregon, Nieder-Kalifornien, 266—1800 m.

2. Gattung **Astrodia** Verrill 1899. — p. 57.

1. *Astrodia tenuispina* (Verrill) 1885.

    Astrodia tenuispina Döderlein 1911, p. 116 (Literatur).

    Atlantik: Vereinigte Staaten; Portugal; 2365—3720 m.

2. *Astrodia excavata* (Lütken u. Mortensen) 1899. — p. 59.

    Asteronyx excavata Lütken u. Mortensen 1899, p. 185, Taf. 22, Fig. 2—6, Tres Marias, 275—1273 m.
        „   „   H. L. Clark 1913, p. 219, Lower California, 900—960 m, 39.9°—40.8° F.
        „   „   H. L. Clark 1915, p. 180, Cap St. Lukas.
        „   „   H. L. Clark 1923 (Calif.) p. 157.
    Kalifornien; Nieder-Kalifornien, Tres Marias, 275—1273 m.

3. *Astrodia plana* (Lütken u. Mortensen) 1899. — p. 59 u. 69, Taf. 8, Fig. 1—2d, Galapagos, 716 m.

    Asteronyx plana Lütken u. Mortensen 1899, p. 186, Taf. 21, Fig. 3—4; Taf. 22, Fig. 7—9, Golf von Panama, 2132—3147 m.
    Galapagos; Golf von Panama; 716—3147 m.

4. *Astrodia bispinosa* Koehler 1922. — p. 59.

    Astrodia bispinosa Koehler 1922 (Antarctic), p. 11, Taf. 76, Fig. 12—15.
    Süd-Australien, 35° 44′ S, 135° 58′ O, 3294 m.

3. Gattung **Asteroschema** Oerstedt u. Lütken 1856. — p. 57 u. 71.
(Vergl. Döderlein 1911, p. 109.)

Asteroschema Fedotov 1926, p. 480.
A. oligactes Pallas 1788. — Koehler 1914, p. 165; H. L. Clark 1915, p. 176.
A. arenosum Lyman 1878. — H. L. Clark 1915, p. 175.
A. brachiatum Lyman 1879. — Koehler 1914, p. 165, 3000 m; Clark 1915, p. 175.
A. clavigerum Verrill 1894, Georges Bank, 42° N, 66° W. — p. 72, Taf. 10, Fig. 5—5a, 6, Kleine Antillen, 514 m; Koehler 1914, p. 139.
A. ferox Koehler 1904, Kei-Isl., 208 m. — p. 73, Taf. 10, Fig. 4—4b, Ternate, 240 m; H. L. Clark 1915, p. 175,
A. inornatum Koehler 1906. — Koehler 1914, p. 139.
A. intectum Lyman 1878. — Koehler 1914, p. 139 u. 165; Clark 1915, p. 175.
A. laeve Lyman 1872. — Koehler 1907, p. 344, Taf. 14, Fig. 50; Koehler 1914, p. 165; H. L. Clark 1915, p. 176.
A. nuttingi Verrill 1899. — Koehler 1914, p. 139.
A. rubrum Lyman 1879. — H. L. Clark 1915, p. 176, Süd-Chile, 732 m.
A. sublaeve Lütken u. Mortensen 1899. — H. L. Clark 1913, p. 218, California 977 m; H. L. Clark 1915, p. 176; H. L. Clark 1923, p. 157.
A. sulcatum Ljungman 1872. — H. L. Clark 1915, p. 176, Taf. 1, Fig. 10.
A. tenue Lyman 1875. — Koehler 1914, p. 165, 210—373 m; H. L. Clark 1915, p. 176, Taf. 2, Fig. 5.

A. capense Mortensen 1925, p. 152, Fig. 5, Taf. 8, Fig. 4—5.
    Natal.
A. elongatum Koehler 1914, p. 137, Taf. 17, Fig. 1—3, Taf. 18, Fig. 8.
    Florida, 24° 17′ N, 81° 58′ W, 242 m, 52° F.
A. glaucum Matsumoto 1915, p. 53. — H. L. Clark 1915, p. 175; Matsumoto 1917, p. 46, Fig. 11a—b.
    Sagami-See, 200 m.

A. hemigymnum Matsumoto 1915, p. 53. — Matsumoto 1917, p. 47, Fig. 12a—b.
Sagami-See.
A. monobactrum H. L. Clark 1917, p. 430, Taf. 1, Fig. 1—2.
Marquesas-Ins., 1519 m.
A. tubiferum Matsumoto 1915, p. 52. — Matsumoto 1917, p. 44, Fig. 10a—b.
Sagami-See.

Untergattung *Ophiocreas* Lyman. (Vgl. Döderlein 1911, p. 112).

A. caudatum (Lyman) 1879. — Matsumoto 1917, p. 49, Fig. 13a—b (syn. *oedipus* Clark 1911
syn. *sagaminum* Döderlein 1911). Sagami-See, 605—769 m.
A. glutinosum Döderlein 1911. — Matsumoto 1917, p. 53, Fig. 15a—c.
Sagami-See, 605 m.
A. japonicum (Koehler) 1907. — Matsumoto 1917, p. 51, Fig. 14a—b, Taf. 2, Fig. 2—6,
(syn. *papillatum* Clark 1908, syn. *monacanthum* Döderlein 1911, syn. *eno-
shimanum* Döderlein 1911). Suruga-Golf, Sagami-See, 532—604 m.
A. oedipus Lyman 1879. — Koehler 1909, p. 206, Taf. 7, Fig. 2; H. L. Clark 1915, p. 178.
A. papillatum (H. L. Clark) 1908. — H. L. Clark 1915, p. 178, Taf. 1, Fig. 8.
A. sibogae Koehler 1904. — H. L. Clark 1916, p. 80, Bass-Str. 146—550 m, Great Austr.
Bight 366—550 m; Mortensen 1922, p. 103, Fig. 2a.

A. longipes (Mortensen) 1922, p. 102, Fig. 2b u. Taf. 3 (syn. *constrictus* Bell 1917, non
Farquhar; ? syn. *sibogae* Clark 1916).
Neu-Seeland.
A. melambaphaes (H. L. Clark) 1914, p. 155; H. L. Clark 1915, p. 178, Taf. 1, Fig. 9.
West-Australien, 146—183 m.
A. rhabdotum (H. L. Clark) 1914, p. 156. — H. L. Clark 1915, p. 178.
West-Australien, 146—183 m.
A. mindorense nov. sp., p. 74, Taf. 10, Fig. 1—1b; p. 75, Taf. 10, Fig. 2—2a.
Mindoro, 330 u. 714 m.
A. gilolense nov. sp., p. 74, Taf. 10, Fig. 7—7b.
Molukken, Gilolo, 531 m.
A. ambonesicum nov. sp., p. 76, Taf. 10, Fig. 8—8b.
Molukken, 602 m.

4. Gattung **Ophiuropsis** Studer 1884. — p. 57.

1. *Ophiuropsis lymani* Studer 1884. — p. 57.
Ophiuropsis lymani Studer 1884, p. 55, Taf. 5, Fig. 12—12 d, Nordwestaustralien, 25° 50′ 8″ S,
112° 36′ 8″ O, 110 m,
„   „   H. L. Clark 1923 (South Afrika), p. 315 (! nicht Südafrika).
Nordwestaustralien, 110 m.

5. Gattung **Astrogymnotes** H. L. Clark 1914.

1. *Astrogymnotes catasticta* H. L. Clark 1914.

> *Astrogymnotes catasticta* H. L. Clark 1914, p. 153, Taf. 22.
> „ „ H. L. Clark 1915, p. 179.
> West-Australien, 146—183 m.

6. Gattung **Astrocharis** Koehler 1904. — p. 57.

1. *Astrocharis virgo* Koehler 1904. — p. 57.

> *Astrocharis virgo* Koehler 1904, p. 160, Taf. 20, Fig. 1; Taf. 30, Fig. 8, Sulu-See, Halmaheira, 522—1089 m.
> „ „ Koehler 1922 (Philipp.), p. 32, Jolo-See, 929 m.
> Philippinen, Molukken, 522—1089 m.

2. *Astrocharis ijimai* Matsumoto 1915.

> *Astrocharis ijimai* Matsumoto 1915, p. 54; Matsumoto 1917, p. 56, Fig. 16—16 b.
> Sagami-See.

3. *Astrocharis gracilis* Mortensen 1918.—p. 77, Taf. 9, Fig. 5—5 c, 6—6a, Sulu-See, 622—930 m.

> *Astrocharis gracilis* Mortensen u. Stephensen 1918, p. 264. Fig. 1—6, Olutanga, Mindanao, 600 m.
> Philippinen, 600—930 m.

7. Gattung **Astrobrachion** nov. gen., p. 57 u. 77.

1. *Astrobrachion constrictus* (Farquhar) 1900. — p. 57.

> *Ophiocreas constrictum* Farquhar 1900, p. 405, Neu-Seeland, Dusky Sound.
> „ „ H. L. Clark 1915, p. 178.
> „ „ Mortensen 1922, p. 99, Fig. 2, Taf. 4, Fig. 4—5, Neu-Seeland, Dusky Sound und North Cape, 126 m.
> *Ophiocreas phanerum* H. L. Clark 1916, p. 79, Taf. 33, Fig. 1—2, Tasmanien, 128 m, Bass-Str., 128—550 m, N. S. Wales, 64—73 m.
> *Ophiomyxa brevirima* Bell 1917, p. 7, Three Kings Isl., 550 m.
> ? *Ophiocreas adhaerens* Studer 1884, p. 54, Taf. 5, Fig. 11 a—d, Nordwest-Australien, 82 m.
> Neu-Seeland; Australien; 64—550 m.

8. Gattung **Astroceras** Lyman 1879. — p. 57.

1. *Astroceras pergamena* Lyman 1879. — p. 57 u. 79.

> *Astroceras pergamena* Döderlein 1911, p. 61, Fig. 14, Taf. 6, Fig. 4—4b, Taf. 7, Fig. 13; p. 114 (Lit.)
> „ „ H. L. Clark 1902, Zool. Anz. Bd. 25, p. 671.
> „ „ H. L. Clark 1911, p. 284; H. L. Clark 1915, p. 179, Japan, Goto-Ins., 66—229 m.
> „ „ Matsumoto 1917, p. 35, Fig. 7a—c, Sagami-See, 183 m, Ukishima, 550 m.
> „ „ Koehler 1922 (Philipp.), p. 33, Mindanao, 716—755 m.
> *Astroschema* sp. (juv.) Döderlein 1911, p. 57, Taf. 6, Fig. 3.
> Japan; Philippinen; Timor; 64—1033 m.

2. *Astroceras compar* Koehler 1904. — p. 80, Taf. 9, Fig. 2—2b, 3—3a, Luzon u. Flores-See, 329—410 m.

> *Astroceras compar* Koehler 1904, p. 158, Taf. 22. Fig. 5, Taf. 30, Fig. 9; Taf. 32, Fig. 3, Kei-Ins., 208—304 m.
> Philippinen bis Flores; 208—410 m.

3. *Astroceras elegans* (Bell) 1917.
  Astroschema elegans Bell 1917, p. 7, Neu-Seeland, North-Cape, 128 m.
  Astroceras elegans Mortensen 1922, p. 107, Taf. 4, Fig. 3, ibidem u. Three Kings Isl., 109 m.
  Neu-Seeland, 109—128 m.

4. *Astroceras compressum* nov. sp., p. 81, Taf. 9, Fig. 4—4a.
  Mindanao, 392 m.

9. Gattung **Sthenocephalus** Koehler 1898. — p. 57.

1. *Sthenocephalus indicus* Koehler 1898. — p. 57 u. 82, Taf. 8, Fig. 3—6, Philippinen,
  Flores, Molukken, 216—714 m.
  Sthenocephalus indicus Koehler 1898 (Oph. litt.), p. 112, Taf. 5, Fig. 48—49; Koehler 1900, Taf. 22,
  Fig. 32; Koehler 1905 (Oph. litt.), p. 132.
  Banka — Kei-Inseln — Philippinen, 55—714 m.

10. Gattung **Trichaster** L. Agassiz 1835. — p. 57.

1. *Trichaster palmiferus* (Lamarck) 1816. — p. 57 u. 85.
  Trichaster palmiferus Döderlein 1911, p. 62. Fig. 15, Taf. 5, Fig. 3—3a; p. 114 (Literatur, exkl.
    T. elegans).
  „   „   Bomford 1913, p. 223, Fig. 3, Taf. 13, Fig. 2, Hongkong.
  „   „   Matsumoto 1917, p. 37.
  Bai von Bengalen bis Hongkong und Japan, 72—159 m.

2. *Trichaster elegans* Ludwig 1878. — p. 84, Philippinen, Masbate-Ins., 146 m.
  Trichaster elegans Ludwig 1878, p. 59, Taf. 5.
  „   „   Bomford 1913, p. 222, Fig. 3, Taf. 13, Fig. 3—4, Bai von Bengalen, 106 m.
  „   „   Matsumoto 1917, p. 38, Fig. 8a—d, Taf. 2, Fig. 7—8, Japan, Tanabe-Bai, Kii.
  Japan; Philippinen; Bai von Bengalen, 106—146 m.

3. *Trichaster acanthifer* nov. sp., p. 84, Taf. 9, Fig. 1—1c.
  Trichaster palmiferus Döderlein 1911, Taf. 9, Fig. 5.
  Indische Gewässer.

11. Gattung **Euryala** Lamarck 1816. — p. 57.

1. *Euryala aspera* Lamarck 1816. — p. 57 u. 86, Sulu-Arch., 18—44 m.
  Euryala aspera Döderlein 1911, p. 65, Fig. 16, p. 98, Taf. 5, Fig. 7, 7a; p. 115 (Literatur).
  „   „   H. L. Clark 1916, p. 78, Queensland, 26—47 m.
  „   „   Matsumoto 1917, p. 40, Fig. 9a—b, Okinawa.
  „   „   Fedotow 1926, p. 498.
  „   „   H. L. Clark 1923, p. 246, West-Australien, Broome.
  „   „   Koehler 1898 (Oph. litt.), p. 114; Koehler 1905, p. 132.
  Japan bis Australien und Singapur, 0—290 m.

2. *Euryala anopla* H. L. Clark 1911.
  Euryale anopla H. L. Clark 1911, p. 294, Fig. 144.
  Kiushiu, Japan, 194—286 m.

Übersicht der seit 1910 erschienenen Literatur über Euryalae.
Über ältere Literatur vergl. „Döderlein 1911, Japan. u. a. Euryalae."

Bell F. J. 1909, Report on the Echinoderma . . . coll. in the Western Parts of the Indian Ocean. Trans. Linn. Soc. London, 2. Ser. Zool. Vol. 13.
Bell F. J. 1917, British Antarctic („Terra Nova") Expedition 1910. Echinoderma, Zool. Vol. 4.
Benham W. B. 1909, Scientif. Results New Zealand Governm. Trawling Exp. 1907. Echinod. Rec. Canterbury Mus. Vol. I.
Bomford T. L. 1913, Note on certain Ophiuroids in the Indian Mus. Rec. Ind. Mus. Vol. 9.
Clark A. H. 1916, One new Starfish and five new Brittle Stars from the Galapagos Islands. Ann. Mag. N. H. Vol. 18.
Clark A. H. 1918, A new genus and species of multibrachiate Ophiuran . . . from the Caribbean Sea. Proc. U. S. Nat. Mus. Vol. 54.
Clark A. H. 1922, The Ophiurans of Curaçao. Bijdr. Dierk. Amsterdam.
Clark H. L. 1910, Echinoderms from Peru. Bull. Mus. Comp. Zool. Vol. 52.
Clark H. L. 1911, North Pacific Ophiurans in the Coll. of U. S. N. Mus. Bull. U. S. N. M. 75.
Clark H. L. 1913, Echinoderms from Lower California. Bull. Amer. Mus. Nat. Hist. New York. Vol. 32.
Clark H. L. 1914, Echinoderms of the Western Australian Museum. Rec. W. Austr. Mus. Perth. Vol. 1.
Clark H. L. 1916, Report on the Sea Lilies, Starfishes, Brittle Stars and Sea-Urchins obtained by the F. I. S. „Endeavour" on the coasts of Queensland, New South Wales, Tasmania, Viktoria, South Australia, and Western Australia. Commonwealth of Australia. Vol. 4.
Clark H. L. 1915, Catalogue of recent Ophiurans. Mem. Mus. Comp. Zool. Vol. 25.
Clark H. L. 1917, Ophiuroidea „Albatross". Bull. Mus. Comp. Zool. Vol. 61.
Clark H. L. 1919, Distribution of the litoral Echin. of the West Indies. Papers from Dep. Mar. Biol. Carnegie Inst. Washington. Vol. 13.
Clark H. L. 1923, Scient. Results Exp. Gulf of California. Echinod. from Lower California. Bull. Amer. Mus. N. Hist. New York. Vol. 48.
Clark H. L. 1923, Some Echinoderms from West Australia. Journ. Linn. Soc. Zool. Vol. 35.
Clark H. L. 1923, Echinoderm Fauna of South Afrika. Ann. South African Mus. Vol. 13.
Döderlein L. 1911, Über japanische und andere Euryalae. Abhandl. K. Bayer. Ak. d. Wiss. Suppl. Vol. 2.
Döderlein L. 1912, Die Arme der Gorgonocephalinae. Zool. Jahrb. Suppl. 15. Vol. 2.
Farquhar H. 1900, On a new species of Ophiuroidea. Trans. New Zealand Inst. Vol. 32.
Fedotov D. M. 1924, Beobachtungen über Gorgonocephalus. Zool. Anz. Vol. 61.
Fedotov D. M. 1926, Die Morphologie der Euryalae. Zeitschr. wiss. Zool. Vol. 127.
Grieg I. A. 1910, Échinodermes. Duc d' Orléans, Camp. Arctique de 1907.
Grieg I. A. 1921, Echinodermata. Scient. Res. „Michael Sars". Zool. Vol. 3.
Hofsten N. v. 1915, Echinodermen des Eisfjords. Zool. Ergebn. der Schwedischen Exp. nach Spitzbergen. K. Svensk. Vet. Handl. Vol. 54.
Koehler R. 1898, Échinodermes recueillis par l' Investigator dans l' Océan Indien. Ophiures littorales. Bull. Scient. France et Belgique. Vol. 31.
Koehler R. 1900, Illustrations of the Shallow-water Ophiuroidea. Calcutta.
Koehler R. 1911, Échinodermes antarct. proven. de la Camp. du „Pourquoi-pas?" C. R. Acad. Sc. Paris.
Koehler R. 1912, Échinodermes (Astéries, Ophiures et Échinides). 2. Expéd. antarct. français, comm. par Dr. Charcot.
Koehler R. 1913, Échinodermes recueillis par la „Pourquoi-pas?" Bull. Mus. Paris.

Koehler R. 1914, Contribution to the study of Ophiurans of the U. S. N. Museum. Bull. U. S. N. M. 84.

Koehler R. 1921, Échinodermes. Faune de France. Paris.

Koehler R. 1922, Ophiurans of the Philippine Seas. Bull. U. S. N. M. 100.

Koehler R. 1922, Echinodermata Ophiuroidea. Australasian Antarctic Expedition. Vol. 8.

Koehler R. 1923, Astéries et Ophiures. Swedish Antarctic Expedition. Vol. 1.

Koehler R. 1924, Les Échinodermes des mers d'Europe. Vol. 1. Biblioth. de Zool.

Matsumoto H. 1915, A new classification of the Ophiuroidea. Proc. Acad. Nat. Sc. Philadelphia.

Matsumoto H. 1917, A Monograph of Japanese Ophiuroidea. Journal Coll. Science Tokyo. Vol. 38.

Matsumoto H. 1918, On a Collection of Ophiurans from Kinkwasan. Annot. Zool. Jap. Tokyo. Vol. 9.

May R. M. 1924, The Ophiurans of Monterey Bay. Proc. Calif. Acad. Sc. San Francisco. Vol. 13.

Mortensen Th. 1910, Report on the Echinoderms. Danmark-Exped. til Grönlands Nordostküste. Vol. 5.

Mortensen Th. 1911, Astroclon Suensoni n. sp. Vid. Medd. Nat. Foren. Kjobenhavn. Vol. 63.

Mortensen Th. 1912, Über Asteronyx Loveni M. Tr. Zeitschr. wiss. Zool. Vol. 101.

Mortensen Th. 1912, Astrochalcis micropus n. sp., Vid. Medd. Nat. Foren. Kjobenhavn. Vol. 63.

Mortensen Th. 1913, Echinodermer. Conspectus faunae Grönlandiae. Medd. om Groenland. Vol. 23.

Mortensen Th. 1922, Echinoderms of New Zealand and the Auckland-Campbell-Isl. Ophiuroidea. Vid. Medd. Nat. Foren. Vol. 77.

Mortensen Th. 1924, Pighude (Echinodermer). Danmarks Fauna.

Mortensen Th. 1924, Observations on some Echinoderms from the Trondhjem Fjord. K. Norske Vid. Selsk. Skrifter.

Mortensen Th. 1925, Échinodermes du Maroc et de Mauritanie. Bull. Soc. Sc. Nat. du Maroc. Vol. 5.

Mortensen Th. 1925, On some Echinoderms from South Africa. Ann. Mag. Nat. Hist. Ser. 9. Vol. 16.

Mortensen Th. 1927, Handbook of the Echinoderms of the British Isles.

Mortensen Th. and Stephensen 1918, On a gall-producing parasitic Copepod infesting an Ophiurid. *Astrocharis gracilis* n. sp. Papers from Mortensen's Pacific. Exp. II. Vid. Medd. Nat. Kjobenhavn, Vol. 69.

Schorygin A. A. 1925, Echinodermata aus den Samml. d. wiss. Meeres-Inst.

Register der Gattungs- und Artnamen der Euryalae.

Die eingeklammerten () Seitenzahlen beziehen sich auf „Döderlein 1911, Japanische u. a. Euryalae".

Abh. d. math.-naturw. Abt. XXXI. Bd. 6. Abh.

14

Tafel 1.

Fig. 1 und 1a. *Astrotoma manilense* nov. sp., von den Philippinen, Station 5119 (Scheibe von 31 mm). Von oben und unten.

    1b. Arm von der Seite. ✕ 4.

Fig. 2 und 2a. *Astrothamnus mindanaensis* nov. sp., von den Philippinen, Station 5543 (Scheibe von 18 mm)

    2a. Von unten, Station 5424 (Scheibe von 14 mm).

    2b. Scheibe von unten. ✕ 3.

    2c. Arm. ✕ 4.

Fig. 3. *Astroglymma sculptum* (Döderlein), von Palawan, Station 5432 (Scheibe von 80 mm).

Fig. 4. *Astroglymma sculptum* (Döderlein) von Amboina. Typus. Arm von unten. ✕ 4.

Fig. 5. *Astrodendrum pustulatum* H. L. Clark, von den Philippinen, Station 5504 (Scheibe von 29 mm). Oberseite der Scheibe mit sehr spärlichen Körnchen.

Fig. 6. *Astrodendrum pustulatum* H. L. Clark, von den Philippinen, Station 5475 (Scheibe von 24 mm). Oberseite der Scheibe mit sehr zahlreichen Körnchen.

    6a. Arm von oben. ✕ 4.

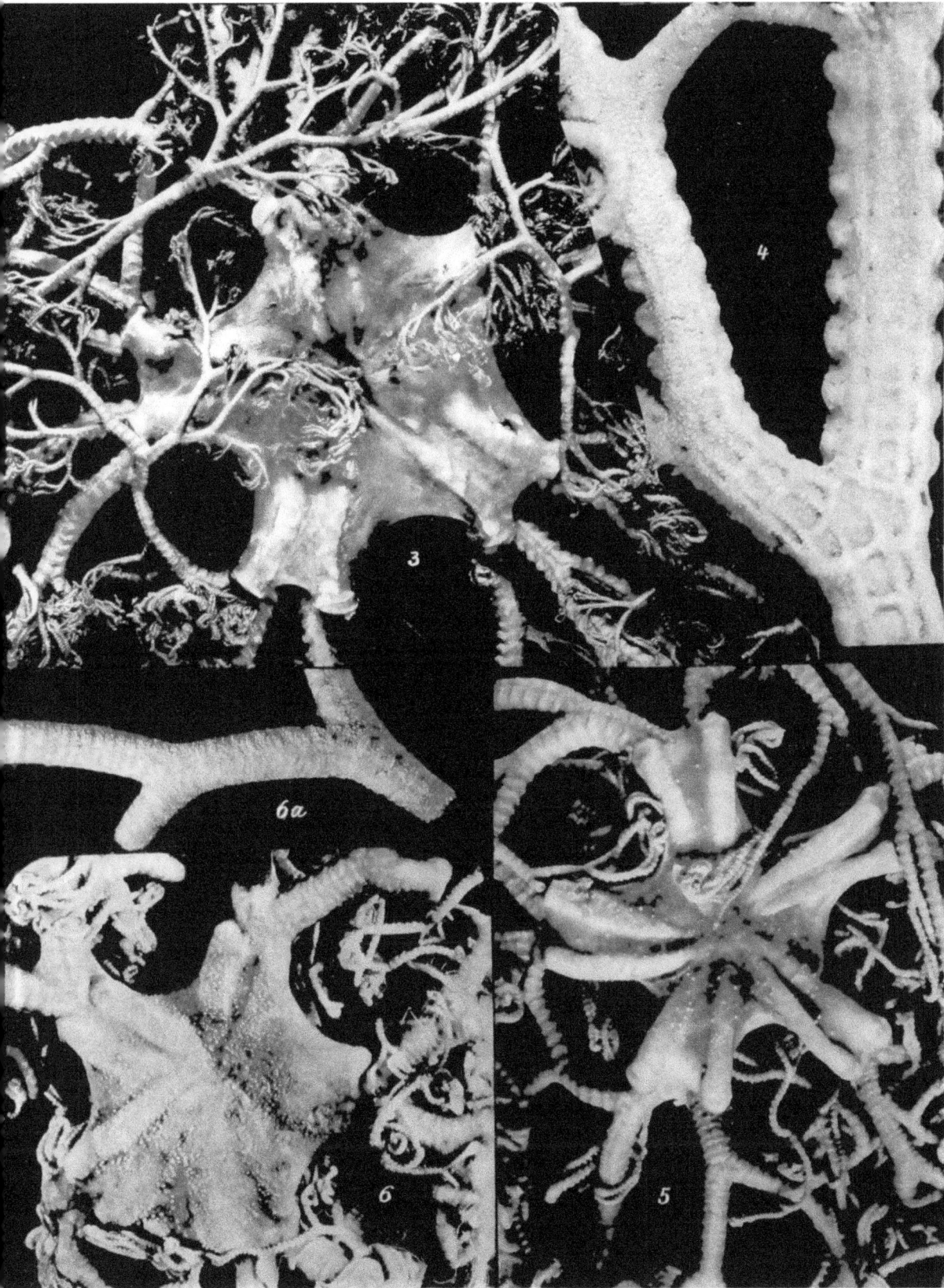

Lichtdruck : J. B. Obernetter, München.

Tafel 2.

Fig. 1 und 1a. *Gorgonocephalus sundanus* nov. sp., von der Sundasee, Station 5646 (Scheibe von 63 mm). Von oben und unten.

    1b. Arm von oben. $\times$ 3^1/$_2$.

Fig. 2 und 2a. *Gorgonocephalus moluccanus* nov. sp., von den Molukken, Station 5635 (Scheibe von 73 mm). Von oben und unten.

    2b. Arm von oben. $\times$ 8.

Fig. 3 und 3a. *Gorgonocephalus stimpsoni* Verrill, von Süd-Sachalin (Scheibe von 17 mm). Von oben und unten.

    3b. Teil der Scheibe und Arme von oben. $\times$ 4.

2b

2

3a

2a

Lichtdruck: J. B. Obernetter, München.

Tafel 3.

Fig. 1 und 1a. *Astroplegma expansum* nov. gen., nov. sp., von den Philippinen, Station 5485 (Scheibe von
77 mm). Von oben und unten. Skulptur der Unterseite und die Madreporenplatte ist sehr
deutlich.

1b. Zwei Armstücke von oben. × 5.

Fig. 2 und 2a. *Astrocladus dofleini* Döderlein, von den Philippinen; Station 5483. (Scheibe von 82 mm).
Von oben und unten. Skulptur der Unterseite und Madreporenplatte ist sehr deutlich.

Fig. 3. *Astrocladus ludwigi* (Döderlein) von den Sulu-Inseln, Station 5138 (Scheibe von 8 mm). × 2.

3a. Von oben. × 8.

3b. Von unten. × 5.

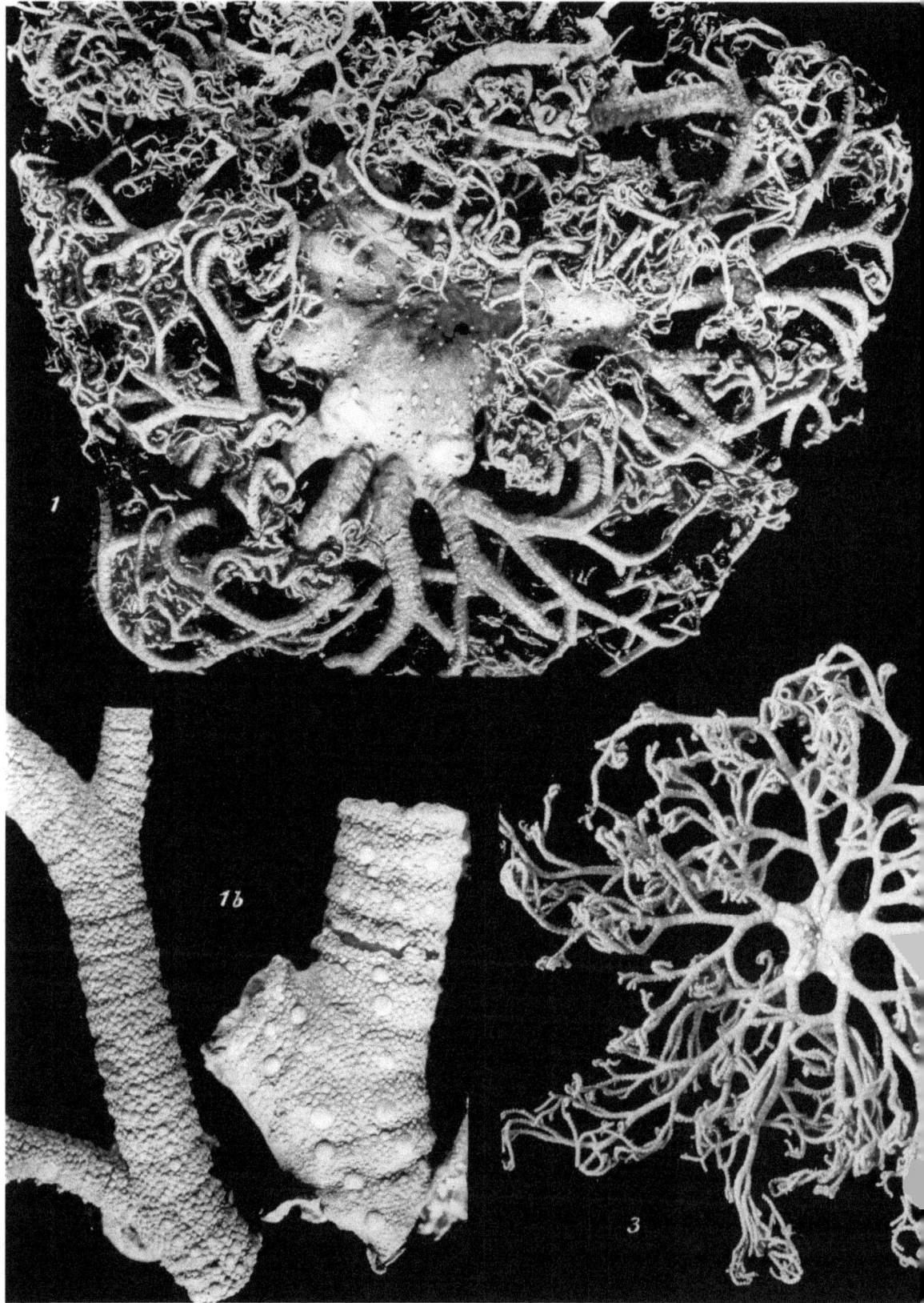

Tafel 3.

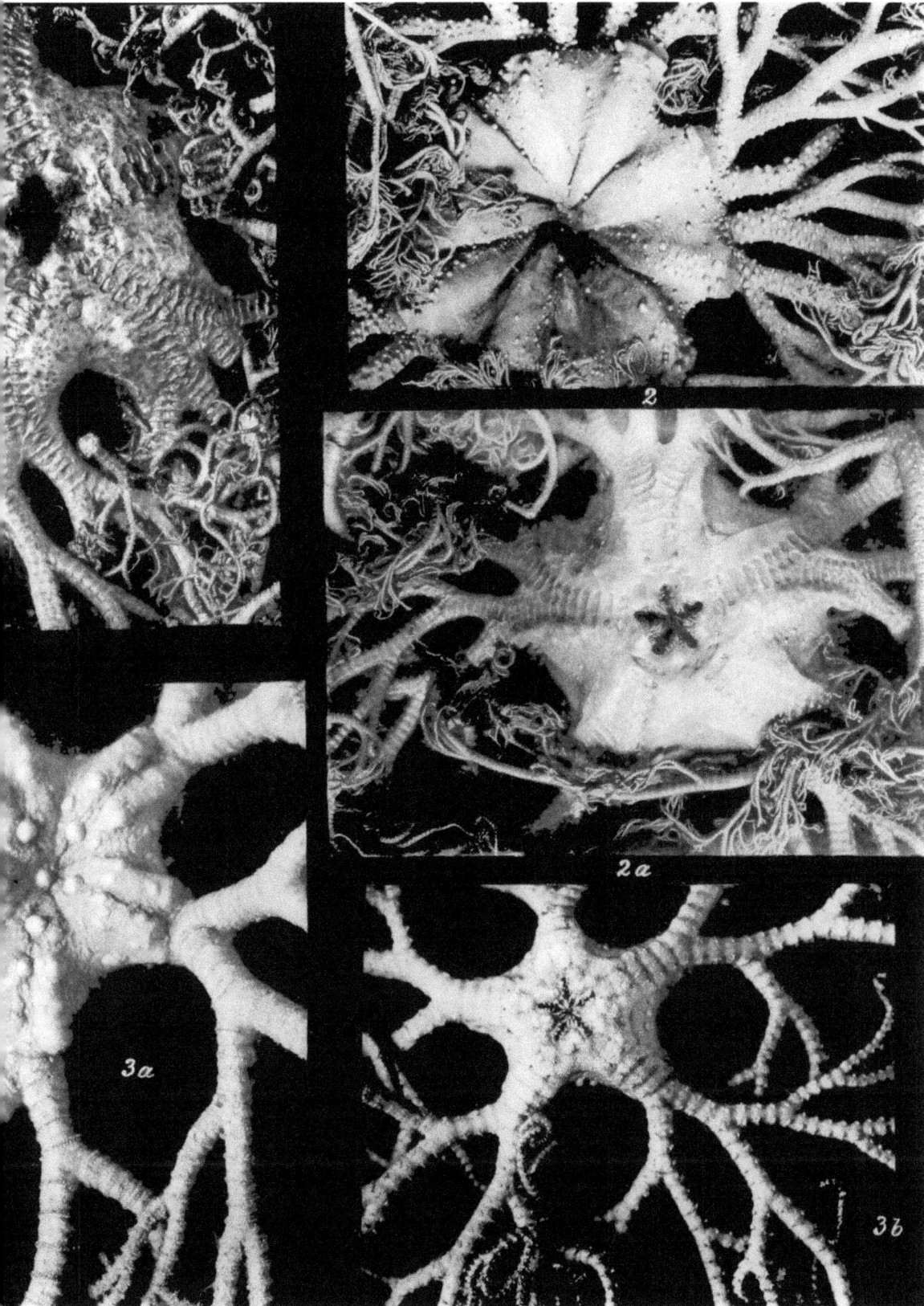

2

2a

3a

3b

Lichtdruck: J. B. Obernetter, München.

Tafel 4.

Fig. 1 und 1a. *Astroboa nigrofurcata* nov. sp., von der Butonstrasse, Station 5641 (Scheibe von 75 mm).
   Von oben und unten.

Fig. 2. *Astroboa nigrofurcata* nov. sp., von Bubuan-Insel.
   Arm von oben. $\times$ 5.

Fig. 3 und 4. *Astroboa nigrofurcata* nov. sp., von der Butonstrasse, Station 5641 (Scheibe von 8 und 13 mm).
   Zwei junge Exemplare. $\times$ 1.4.

Fig. 5 und 5a. *Astroboa albatrossi* nov. sp., von Hongkong, Station 5312 (Scheibe von 73 mm). Von oben
   und unten.

   5b. Arm von oben. $\times$ 4.

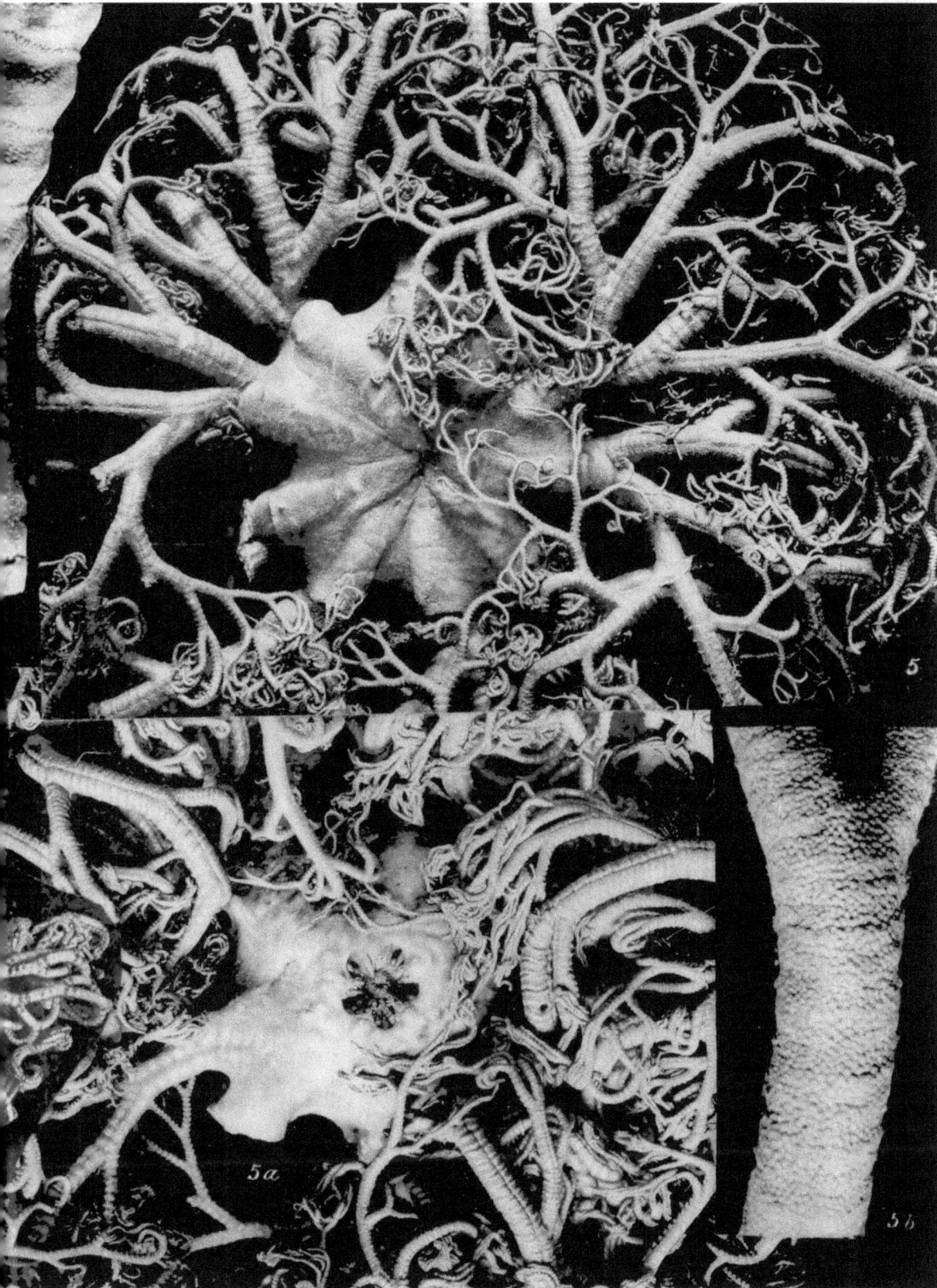

Tafel 4.

5

5 a

5 b

Lichtdruck: J. B. Obernetter, München.

Tafel 5.

Fig. 1. *Astroboa nuda* (Lyman) von den Sulu-Inseln, Station 5146 (Scheibe von 49 mm), von unten.

Fig. 2. *Astroboa nuda* (Lyman) von den Sulu-Inseln, Station 5139 (Scheibe von 80 mm), von unten. Mit drei Madreporenplatten.

Fig. 3. *Astroboa ernae* Döderlein von Westaustralien, Typus. Arm von oben. ✕ 8.

Fig. 4. *Astroboa nuda* (Lyman) von den Philippinen, Typus. Arm von oben. ✕ 8.

Fig. 5. *Astroboa clavata* (Lyman) von den Seychellen. Arm von oben. ✕ 8.

Fig. 6. *Astroboa clavata* (Lyman) von den Seychellen (Scheibe von 4.2 mm), von oben. ✕ 5.

Fig. 7. *Astrochalcis tuberculosus* Koehler von Sumbava, Typus. Äußerer Hauptstamm eines Armes mit plumpen Endverzweigungen, von oben. ✕ 5.

    7a. von unten. ✕ 5.

    7b. Schlanke Endverzweigungen. ✕ 5.

Fig. 8. *Astrochalcis micropus* Mortensen von den Molukken (Scheibe von 5 mm). Von oben. ✕ 4.

Fig. 9. *Astrocladus exiguus* (Lamarck) vom Sulu-Archipel. Station 5153. Arm von oben. ✕ 4.

Fig. 10. *Astrocladus tonganus* Döderlein von den Tonga-Inseln, Typus. Arm von oben. ✕ 8.

Fig 11. *Astrocaneum spinosum* (Lyman) von den Galapagos-Inseln, Station 3025. Arm von oben. ✕ 8.

Fig. 12. *Astrodictyum panamense* (Verrill) von La Paz. Arm von oben. ✕ 4.

Fig. 13. *Astroglymma sculptum* Döderlein von Amboina, Typus. Arm von oben. ✕ 5.

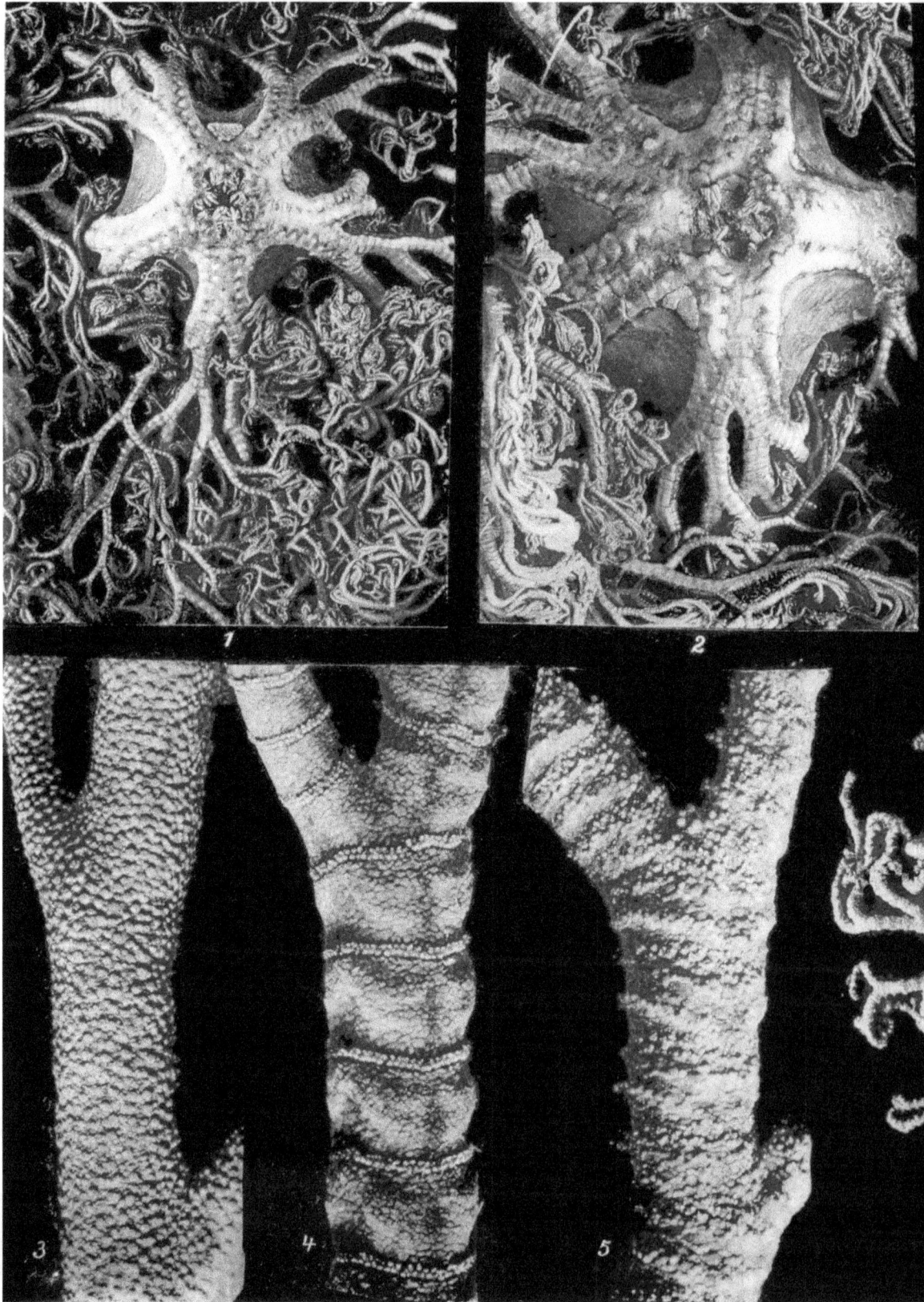

Lichtdruck: J. B. Obernetter, München.

Tafel 6.

Astrochalcis micropus Mortensen.

Fig. 1. Vom Sulu-Archipel, Station 5141 (Scheibe von 75 mm), von oben. $\times$ $^2/_3$.

    1a. Linke Armhälfte mit auffallendem Unterschied von plumpen und schlanken Armverzweigungen. $\times$ $^4/_5$.

Fig. 2 und 2a. Von Palawan, Station 5338 (Scheibe von 56 mm), von oben und unten. Mit *Stylifer*-Gallen besetzt. Arme etwas verkümmert. $\times$ $^9/_{10}$.

Fig. 3. Plumper Armteil von oben; an der Basis ist die oberflächliche Körnchenschicht beseitigt, so daß die dicke darunterliegende Körnerschicht frei liegt. $\times$ $1^1/_2$.

    3a. Dasselbe von unten. $\times$ $1^3/_4$.

    3b. Dasselbe von der Seite, stärker vergrößert. $\times$ 4.

    3c. Dasselbe von der Seite; die ganze Körnerschicht der einen Seite beseitigt, so daß die noch vorhandene äußere und innere Körnchenschicht im Längsschnitt sichtbar ist. $\times$ 4.

Fig. 4. Schlanker Armteil von oben. $\times$ $1^1/_2$.

    4a. Dasselbe von unten. Daneben noch zwei plumpe und ein stark eingerolltes schlankes Zweigende. $\times$ $1^3/_4$.

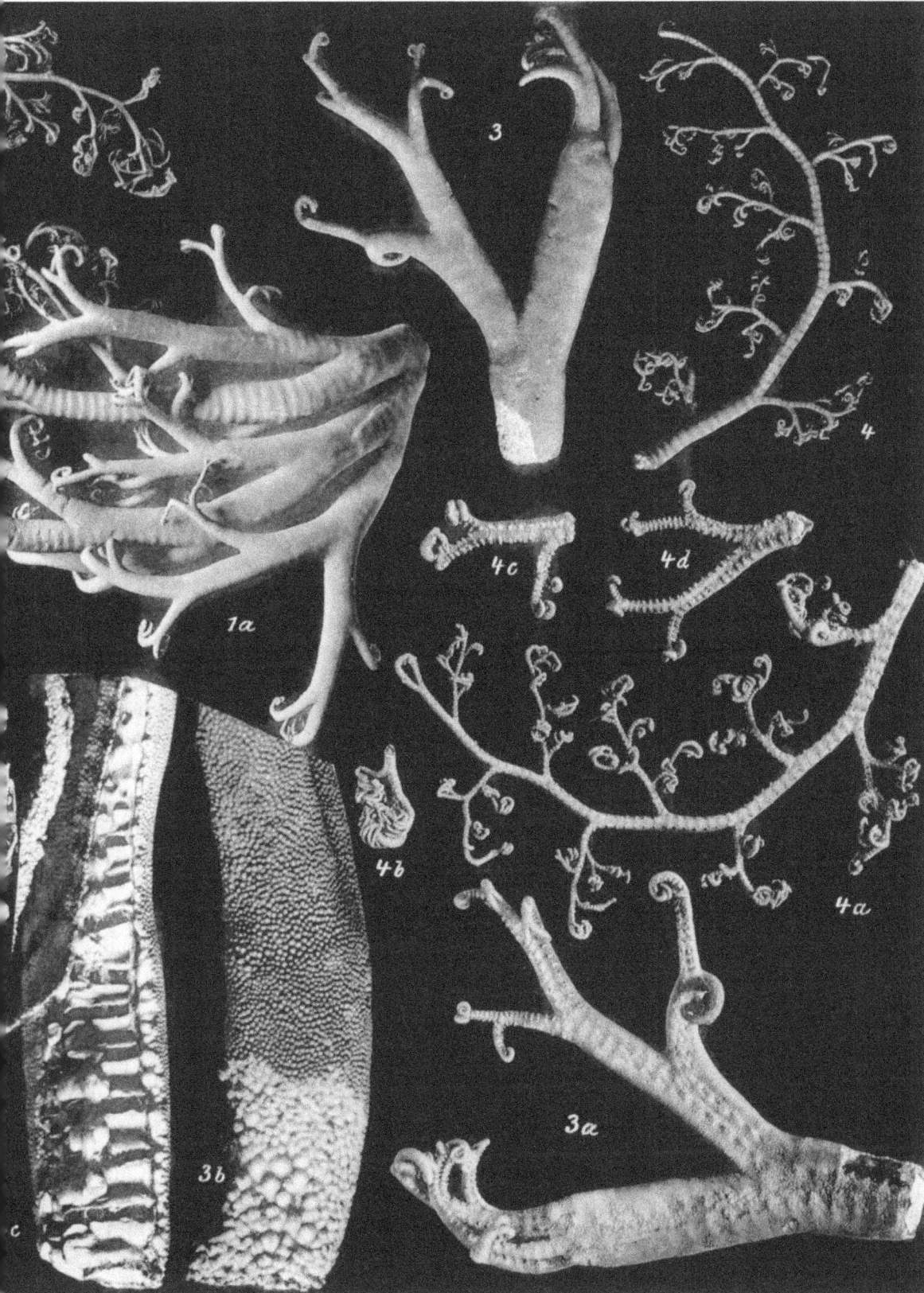

Lichtdruck: J. B. Obernetter, München.

Tafel 7.

Fig. 1. *Asteronyx longifissus* nov. sp. von Kalifornien, Station 3198 (Scheibe 25 u. 27 mm.) Exemplar von oben mit sehr ausgedehntem Armteil mit verlängerten Tentakelpapillen; Exemplar von unten mit sehr kurzem Armteil in diesem Zustande, bei beiden an je zwei Armen. × 1.

Fig. 2. *Asteronyx longifissus* nov. sp. von Kalifornien. Station 2892 (Scheibe von 23 mm), von unten; alle Arme ohne verlängerte Tentakelpapillen. × 1.

Fig. 3. *Asteronyx longifissus* nov. sp. von Südkalifornien, Station 2979 (Scheibe von 30 u. 11 mm). Das größere Exemplar mit stark verbreitertem Armteil mit verlängerten Tentakelpapillen. × 1¹/₆.

Fig. 4. *Asteronyx luzonicus* nov. sp. von den Philippinen, Station 5114 (Scheibe von 21 mm). Alle fünf Arme mit verlängerten Tentakelpapillen. Sehr deutliche von den Gonaden herrührende schwarze Flecken. × 1.

    4a. Dasselbe von unten. × 2¹/₂.

Fig. 5. Ebenso. Kleineres Exemplar von unten (Scheibe von 12 mm). Verlängerte Tentakelpapillen an allen Armen. × 1.

Fig. 6. *Asteronyx luzonicus* nov. sp. von den Philippinen, Station 5506 (Scheibe von 17 mm). Von unten. × 1¹/₃.

    6a—c. Verschiedene Armteile von unten. × 4.

    6d. Armteil ohne verlängerte Papillen von unten. × 8.

Fig. 7. *Asteronyx loveni* Müller u. Troschel, von Celebes, Station 5648 (Scheibe von 27 u. 4 mm). Von unten und oben. Großes Exemplar mit verlängerten Tentakelpapillen an zwei Armen.

    7a. Armteil von unten. × 2¹/₂.

Fig. 8. *Asteronyx loveni* Müller u. Troschel von Kalifornien, Station 3787. Zwei Armteile von unten. × 4.

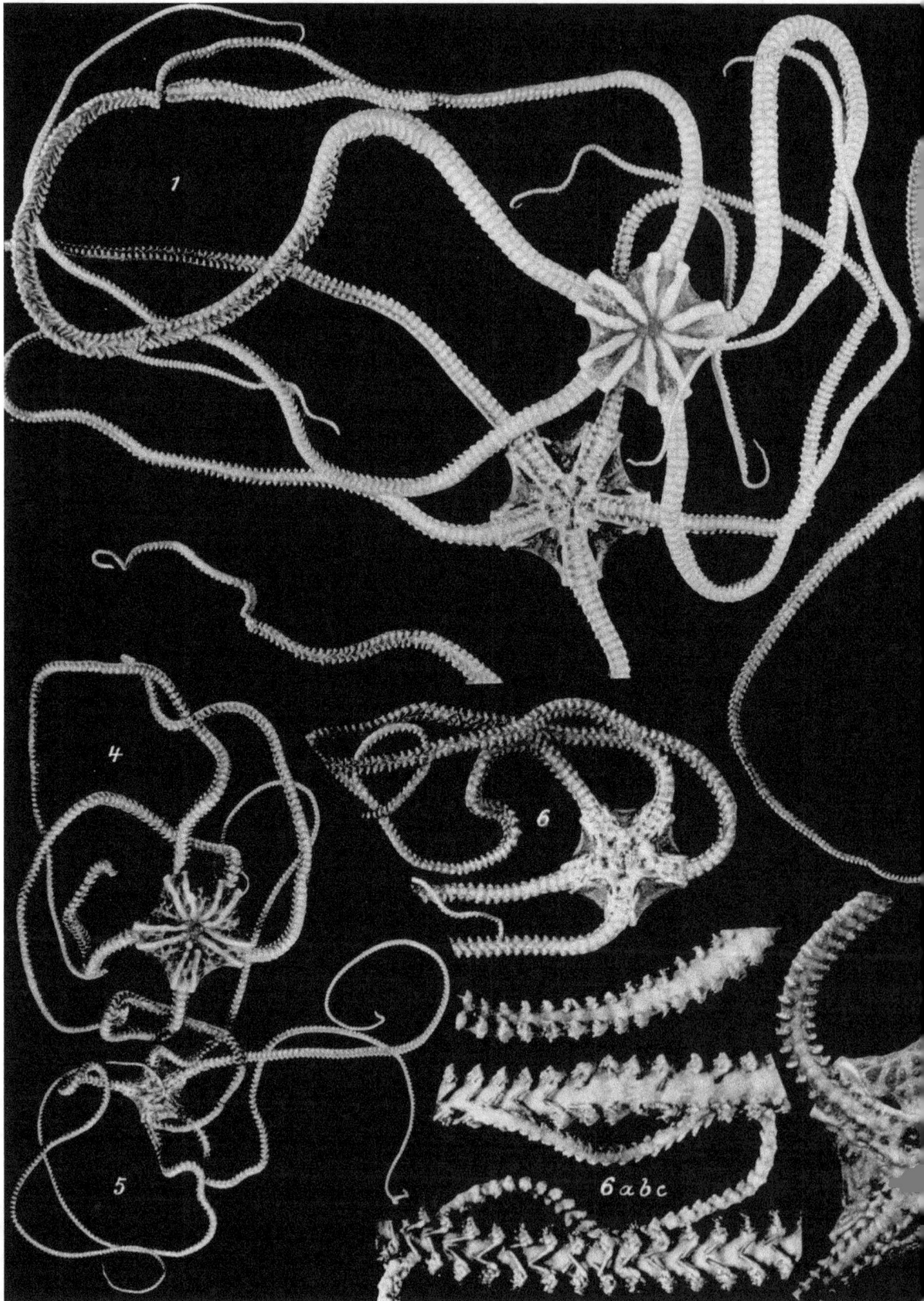

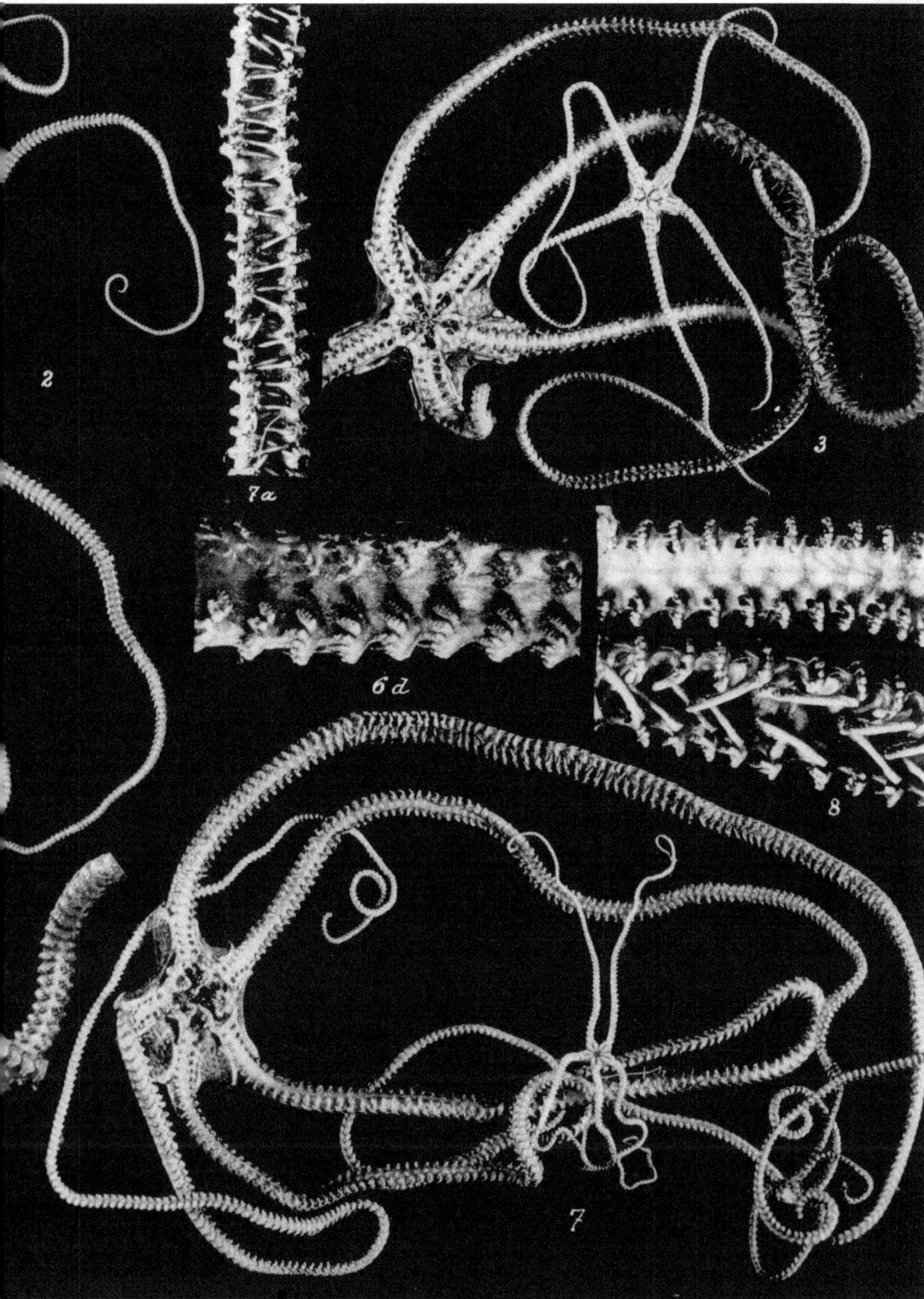

2

7a

3

6d

8

7

Lichtdruck: J. B. Obernetter, München.

Tafel 8.

Fig. 1 (Ziffer fehlt) und 2. *Astrodia plana* Lütken und Mortensen von den Galapagos-Inseln, Station 2818 (Scheibe von 12 und 17 mm). Zwei Exemplare von oben und unten. $\times$ 1.

   2a. Scheibe von oben. $\times$ 4.

   2b. Scheibe von unten. $\times$ 4.

   2c. Armteil von unten. $\times$ 4.

   2d. Armteil von der Seite. $\times$ 4.

Fig. 3. *Sthenocephalus indicus* Koehler von den Philippinen. Station 5504 (Scheibe von 32 mm). Von oben. Scheibe mit durchscheinenden Gonaden. $\times$ 1^1/3.

Fig. 4 und 4a. *Sthenocephalus indicus* Koehler von ebendort. (Scheibe von 34 mm). Von oben und unten. $\times$ 1^1/10.

Fig. 5. *Sthenocephalus indicus* Koehler von den Philippinen, Station 5378 (Scheibe von 38 mm). Trockenes Exemplar von unten.

   5a. Proximaler Armteil von der Seite. $\times$ 4.

   5b. Distale Armteile von unten und von der Seite. $\times$ 4.

Fig. 6. Ebenso. (Scheibe von 21 mm); von unten. $\times$ 2^1/2.

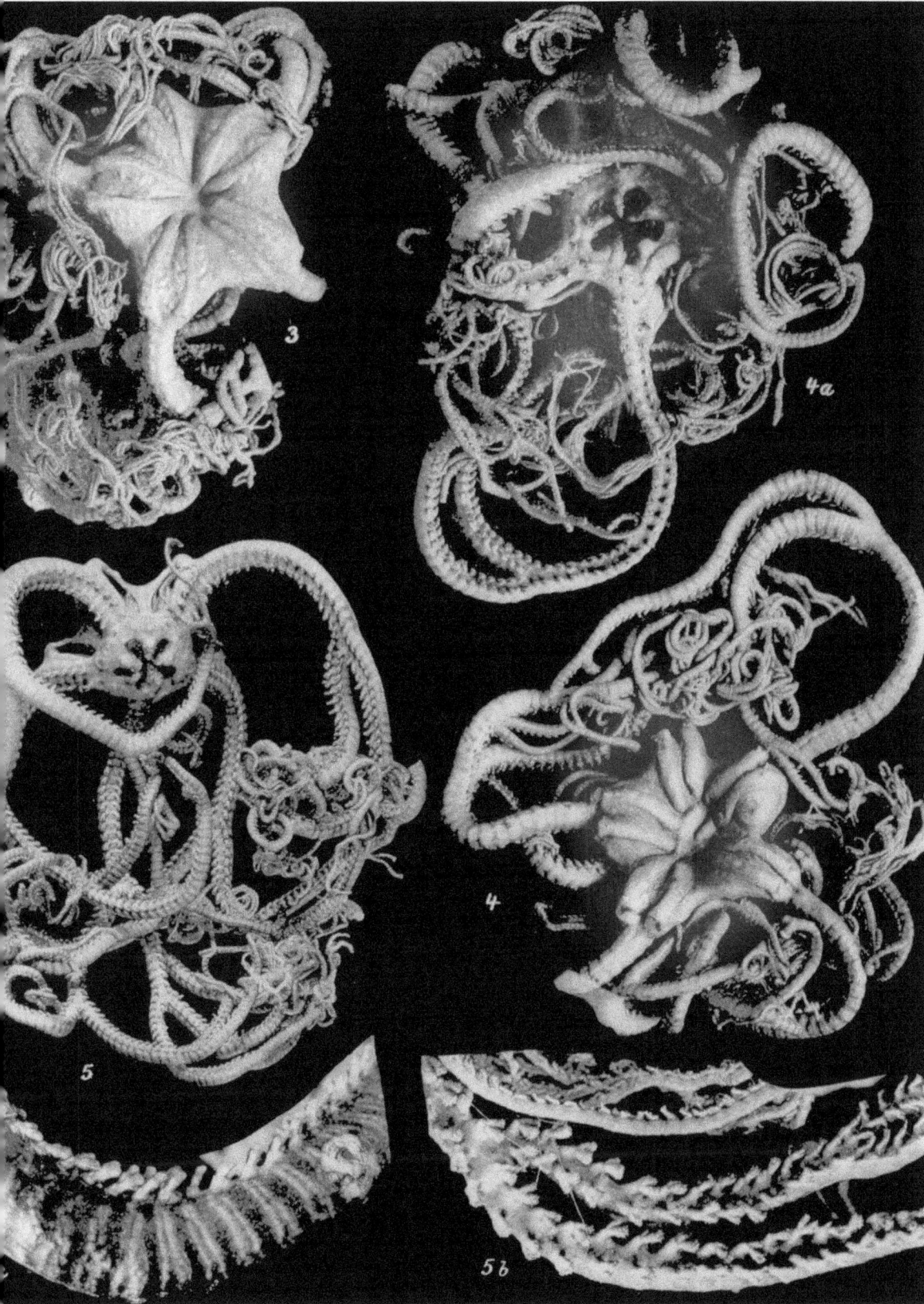

Lichtdruck: J. B. Obernetter, München.

Tafel 9.

Fig. 1. *Trichaster acanthifer* nov. sp. vom Indischen Ozean. (Scheibe von 16 mm.) Von oben.
  1a. Von oben. $\times$ 2½.
  1b. Von der Seite. $\times$ 3.
  1c. Von unten. $\times$ 2½.
Fig. 2. *Astroceras compar* Koehler von Luzon, Station 5297 (Scheibe von 14 mm). Von oben. $\times$ 2.
  2a. Von unten. $\times$ 3.
  2b. Arm von der Seite. $\times$ 3½.
Fig. 3 und 3a. *Astroceras compar* Koehler von der Flores-See, Station 5661 (Scheibe von 25 mm). Von
    oben und unten. $\times$ 1⅓.
Fig. 4 und 4a. *Astroceras compressum* nov. sp. von den Philippinen, Station 5501 (Scheibe von 13 mm).
    Von oben und unten. $\times$ 2.
  4b. Arm von der Seite. $\times$ 3½.
Fig. 5. *Astrocharis gracilis* Mortensen von der Sulu-See, Station 5423 (Scheibe von 7 mm). Von oben.
  5a. Von oben. $\times$ 6.
  5b. Von unten. Auf der Armseite sind die glasigen Flecke sehr deutlich. $\times$ 6.
  5c. Von unten. Die Genitalspalten und die glasigen Flecke sind deutlich. $\times$ 6.
Fig. 6. Ebenso. Arm von der Seite mit sehr auffallenden glasigen Flecken.
  6a. Distaler Teil desselben Armes. $\times$ 6.

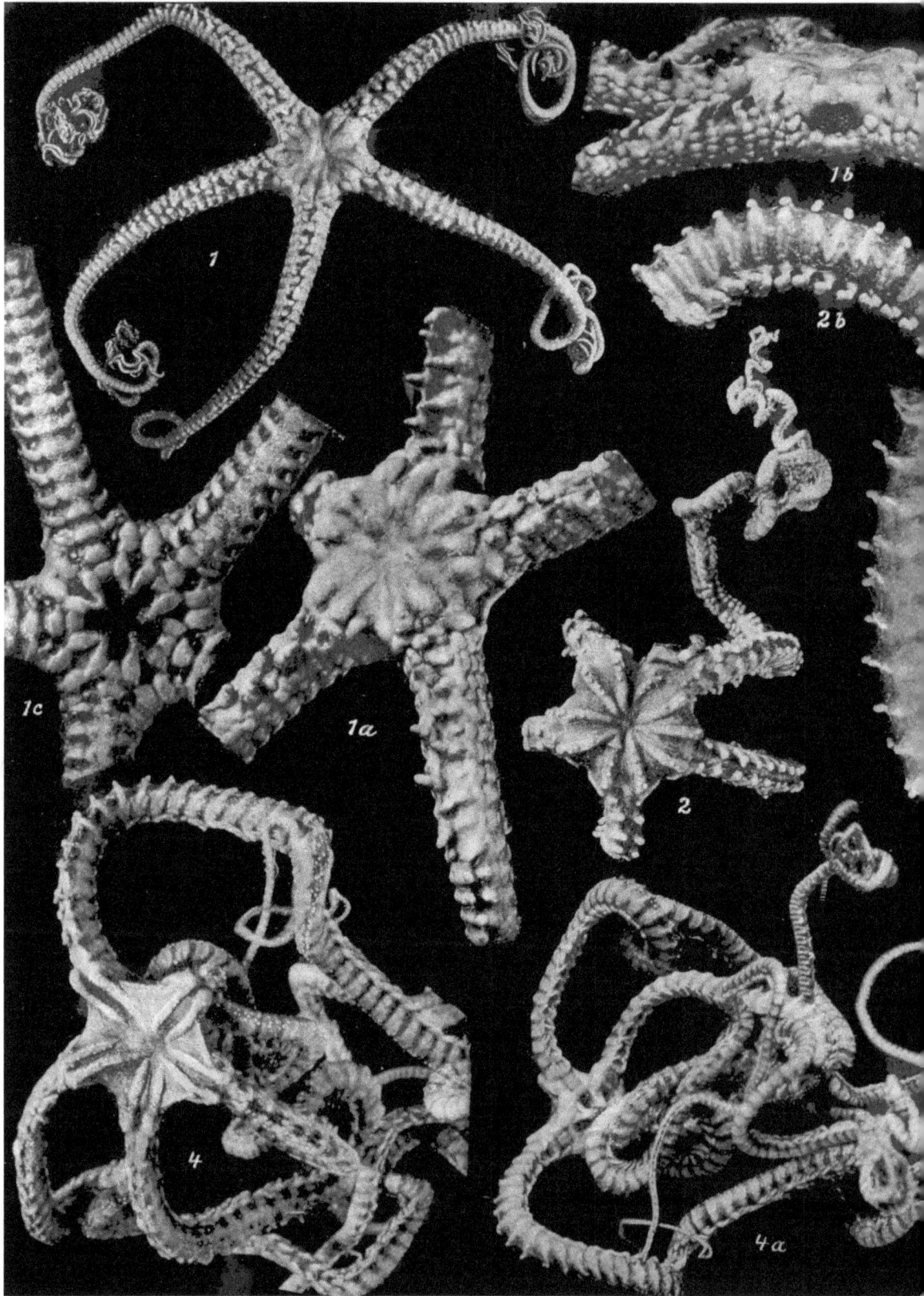

Lichtdruck: J. B. Obernetter, München.

Tafel 10.

Fig. 1. *Asteroschema mindorense* nov. sp. von den Philippinen, Station **5367** (Scheibe von 16 mm). Von oben. ✕ 1.

    1a. von unten. ✕ 2^{1}/2.

    1b. Arm von der Seite, trocken. ✕ 4.

Fig. 2. *Asteroschema mindorense* nov. sp. von den Philippinen, Station **5119** (Scheibe von 10 mm). Von oben. ✕ 1.

    2a. Arm von der Seite, trocken. ✕ 4.

Fig. 3. *Asteroschema sagaminum* Döderlein von Japan. Typus. Arm von der Seite, trocken. ✕ 4.

Fig. 4. *Asteroschema ferox* Koehler von Ternate, Station **5617** (Scheibe von 13 mm). Von oben.

    4a. Basis des Armes von der Seite, trocken. ✕ 4.

    4b. Mittlerer Armteil von der Seite, trocken. ✕ 4.

Fig. 5. *Asteroschema clavigerum* von den kleinen Antillen, Station **2752** (Scheibe von 12 mm). Von oben. ✕ 5.

    5a. Arm von der Seite, trocken. ✕ 3.

Fig. 6. Ebenso von Station **2753**. Arm von der Seite, trocken. ✕ 3^{1}/2.

Fig. 7. *Asteroschema gilolense* nov. sp. von den Molukken, Station **5621** (Scheibe von 22 mm). Von oben. ✕ 1.

    7a. Von unten. ✕ 2^{1}/2.

    7b. Arm von der Seite, trocken. ✕ 4.

Fig. 8. *Asteroschema ambonesicum* nov. sp. von den Molukken, Station **5634** (Scheibe von 30 mm). Von oben. ✕ 1.

    8a. Von unten. ✕ 2.

    8b. Arm von der Seite, trocken. ✕ 4.

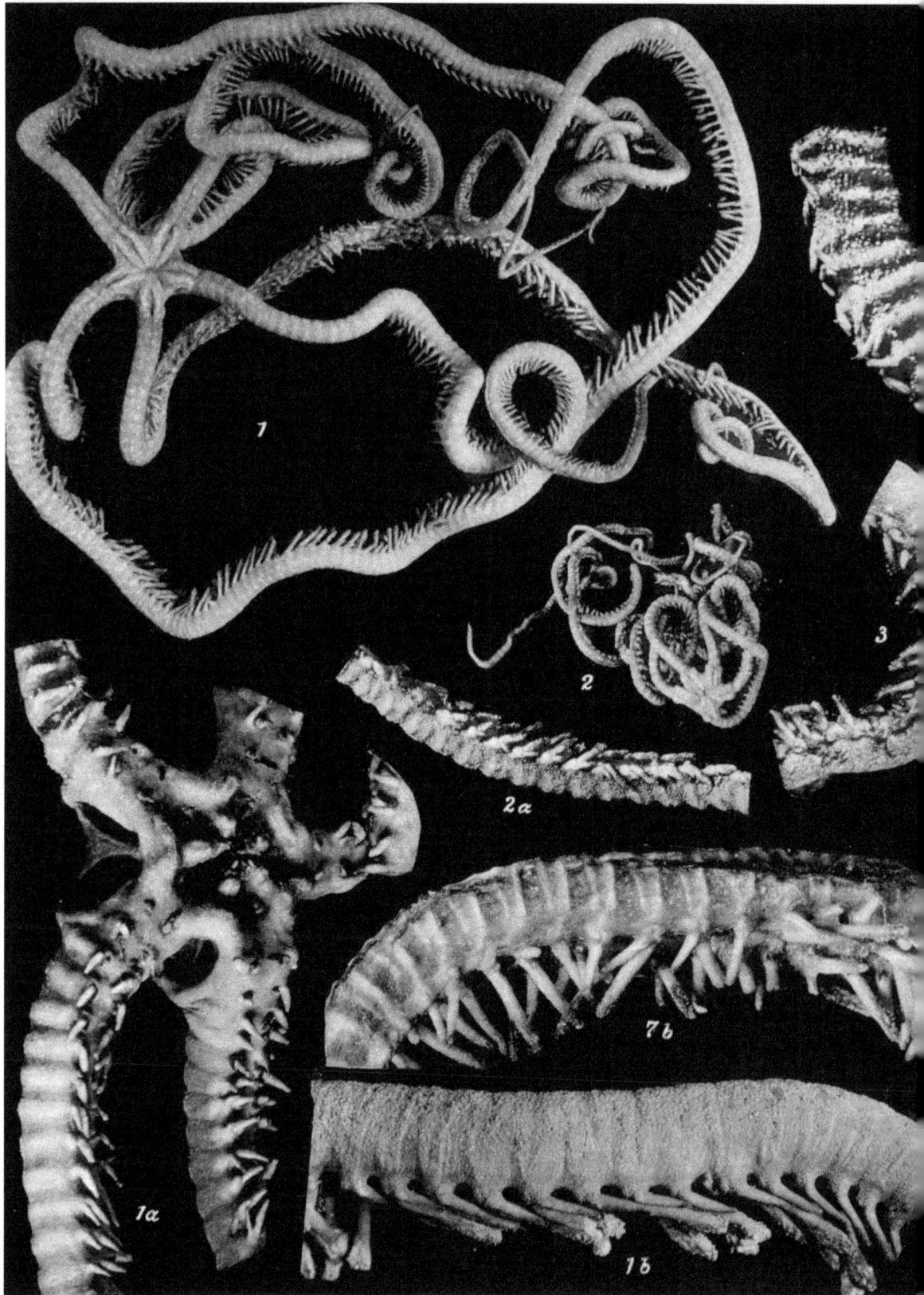

Lichtdruck: J. B. Obernetter, München.

www.ingramcontent.com/pod-product-compliance
Lightning Source LLC
Chambersburg PA
CBHW081433190326
41458CB00020B/6194

* 9 7 8 3 4 8 6 7 5 5 4 4 2 *